LES VÉGÉTAUX

ÉVOLUTION, DÉVELOPPEMENT ET REPRODUCTION

Lydie Suty

Éditions Quæ

Éditions Quæ
RD 10
78026 Versailles Cedex, France
www.quae.com

ISBN : 978-2-7592-2248-3

AVANT-PROPOS

Cet ouvrage est le premier d'une série conçue comme un ensemble de fascicules abordant différents domaines de l'agroécologie afin d'aider à la compréhension de ce vaste sujet en pleine évolution.

Les végétaux étant au centre de tous les écosystèmes aquatiques et terrestres, trois ouvrages leur seront consacrés, abordant respectivement leur présentation générale, leurs relations avec leur environnement et, enfin, les symbioses qu'ils établissent avec d'autres organismes vivants tels que bactéries et mycètes.

La conception de ces ouvrages nécessite une concision qui ne permet pas de développer l'immense biodiversité végétale ni de rentrer dans les débats passionnés et passionnants concernant, par exemple, les différentes hypothèses sur les premières étapes de la vie sur Terre, l'évolution de la lignée végétale et les différentes classifications des végétaux. Pour élargir leurs connaissances et se faire une meilleure idée de l'avancée de ces débats, les lecteurs trouveront des indications bibliographiques en fin d'ouvrage, ainsi qu'un glossaire et un petit quiz.

SOMMAIRE

1. Évolution de la lignée végétale

1.1. DE LA SOUPE PRIMITIVE AUX CYANOBACTÉRIES

Le processus d'apparition de la vie sur Terre fait encore l'objet d'intenses controverses mais les toutes premières étapes se sont produites dans la « soupe primitive » résultant de la condensation de vapeur d'eau, de méthane, d'ammoniac et de dioxyde de carbone qui a suivi la formation de la planète, il y a environ 4,6 milliards d'années. Dans ce milieu très réactif, soumis pendant des centaines de millions d'années à des températures et des pressions élevées ainsi qu'à des décharges électriques et des rayonnements intenses, se sont élaborées les premières biomolécules complexes à l'origine des formes de vie sur Terre : glucides, acides aminés (éléments de base des protéines), lipides et acides nucléiques (ARN : acide ribonucléique ; ADN : acide désoxyribonucléique). C'est le domaine de la chimie prébiotique (avant la vie).

La **figure 1** présente les étapes les plus probables menant de la soupe primitive aux cyanobactéries, premiers organismes eucaryotes unicellulaires photosynthétiques. Elles peuvent être résumées ainsi :

– synthèse de biomolécules complexes ;

– compartimentation et concentration de ces biomolécules dans des vésicules entourées d'une membrane lipidique ;

– évolution de ces vésicules en cellule primitive (du latin *cellula*, petite chambre), une structure entourée au minimum d'une membrane séparant le milieu intérieur de l'extérieur tout en permettant des échanges. Une cellule contient au moins une molécule d'ADN qui constitue son génome ;

– apparition d'un ancêtre commun unicellulaire appelé LUCA (Last Universal Common Ancestor).

Les bactéries sont généralement considérées comme les premières formes de vie organisée car on en a retrouvé des fossiles dans des sédiments d'environ 3,5 milliards d'années, mais de nombreux scientifiques pensent que cela aurait pu être un grand virus à ARN capable de s'autoreproduire. L'exploration récente de milieux très hostiles (volcans, sources d'eau sous-marine bouillante…) a permis de caractériser un groupe de bactéries, les Archaebactéries, capables de vivre dans les conditions de la Terre primitive, où la température de l'eau de surface était encore de plus de 90 °C il y a environ 3,8 milliards d'années.

Archaebactéries et bactéries sont des organismes unicellulaires avec peu de compartimentation interne et dont le patrimoine génétique n'est pas inclus dans un noyau. Ce type cellulaire a été appelé procaryote (avant le noyau), et les cellules possédant un noyau, eucaryotes.

Archaebactéries, Bactéries et Eucaryotes sont les trois domaines universellement reconnus du monde vivant, mais de nombreux chercheurs ont proposé d'en ajouter un quatrième, celui des virus.

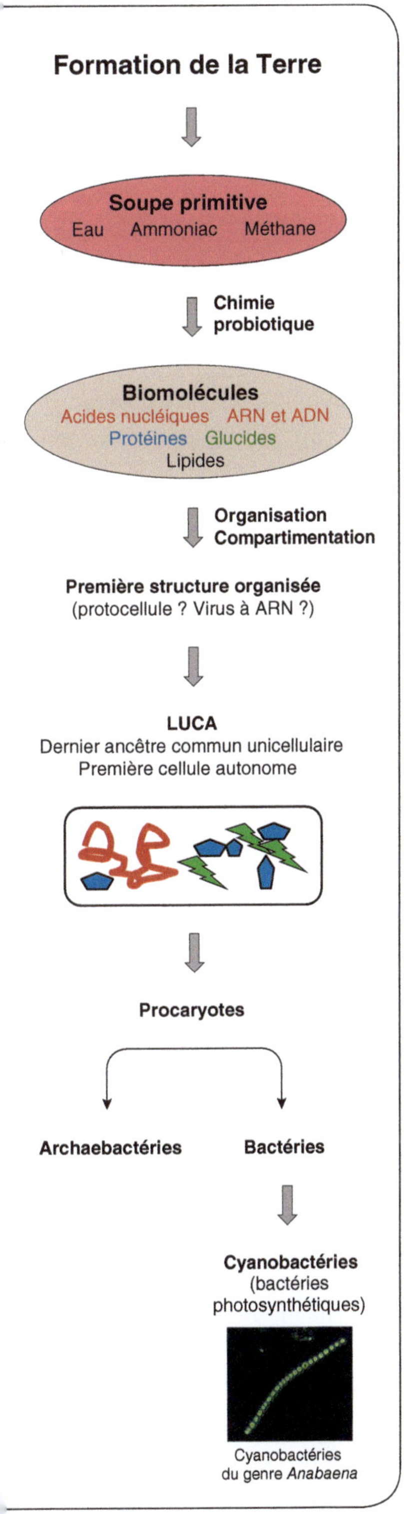

En l'absence d'oxygène, les bactéries ont d'abord utilisé la fermentation du glucose, abondant dans la soupe primitive, pour fabriquer de l'ATP, forme universelle de stockage d'énergie du vivant. Les ressources en glucose se sont raréfiées et, pour survivre, des bactéries ont développé une innovation métabolique majeure, la photosynthèse, permettant la synthèse de glucides à partir de l'énergie solaire et du dioxyde de carbone présent en grande quantité dans l'eau et l'atmosphère.

Chez les bactéries pourpres, la photosynthèse est anaérobie et utilise le sulfure d'hydrogène pour réaliser la synthèse des glucides puis elle est devenue aérobie chez les cyanobactéries en utilisant l'eau pour synthétiser les glucides. Grâce à cette nouvelle fonction, ces bactéries sont devenues autotrophes c'est-à-dire capables de fabriquer tous leurs composants organiques à partir d'éléments minéraux simples.

Chez les premières cyanobactéries (ou cyanobiontes = végétaux bleus), le principal pigment récepteur de lumière était la phycocyanine, plus efficace que la chlorophylle pour collecter la lumière traversant la couche d'eau où elles vivaient (jusqu'à 100 m). Les cyanobactéries ont évolué jusqu'à nos jours et il en existe plus de 7 000 espèces, qui diffèrent par leurs pigments et par leurs variantes photosynthétiques.

Leur développement rapide a permis l'enrichissement des eaux puis de l'atmosphère en dioxygène (O_2) produit lors de la photosynthèse : la teneur en oxygène de l'atmosphère terrestre il y a trois milliards d'années était environ de 2 % alors que sa teneur actuelle est de 21 %. L'augmentation progressive de la concentration en oxygène a induit une nouvelle fonction, la respiration (développement de formes de vie aérobies) pour un meilleur rendement énergétique : production de 36 ATP (respiration) au lieu de 2 (fermentation) à partir d'une molécule de glucose. Cela a aussi eu pour conséquence la formation de la couche d'ozone (O_3) et le refroidissement de l'atmosphère à la suite de la consommation du dioxyde de carbone. Les cyanobactéries proches de la surface ont ensuite favorisé la photosynthèse à base de chlorophylle *(voir 5.1)*, fonction emblématique du règne végétal ou Plantae, l'un des 6 règnes actuellement reconnus au niveau international : Archaea (Archées), Bacteria (Bactéries), Protista (Protistes), Fungi (Mycètes ou champignons), Plantae (Plantes), Animalia (Animaux). La **figure 2** résume les principaux niveaux de classification des organismes vivants.

Quel que soit le scénario exact, la vie est apparue très tôt puis elle a évolué lentement et il a fallu environ 3 milliards d'années pour voir exploser la biodiversité, accompagnée de la complexification des relations entre tous les organismes vivants.

◀ **Figure 1.** De la soupe primitive aux cyanobactéries, évolution la plus probable.

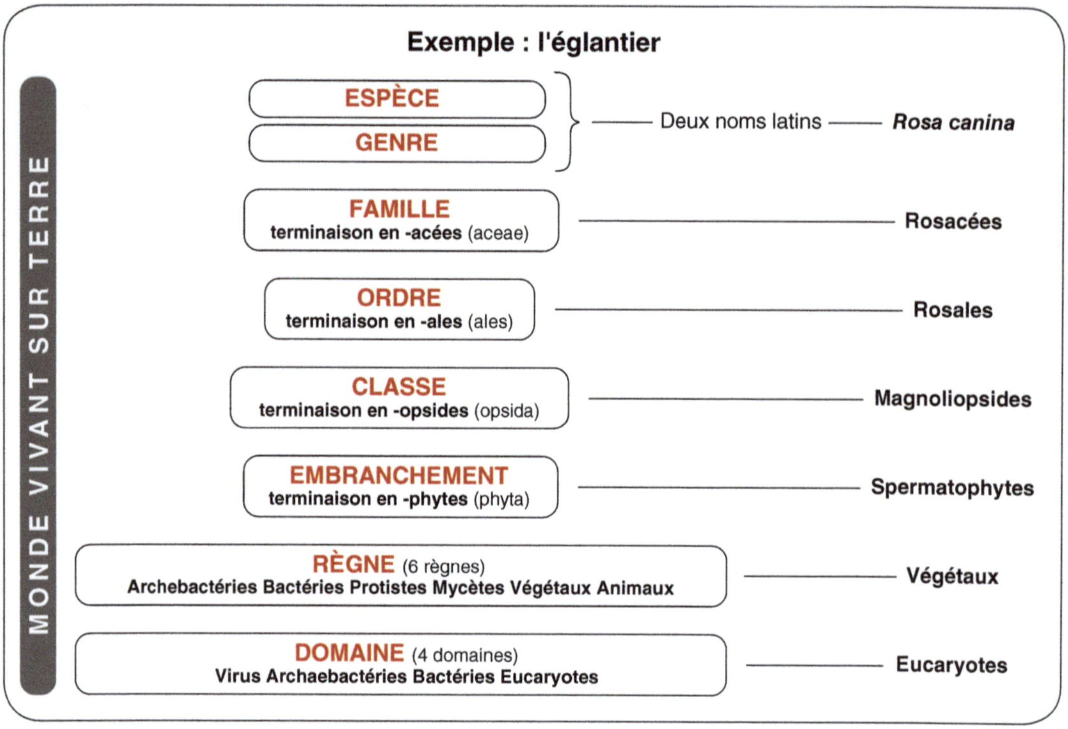

Figure 2. Principaux éléments de classification des végétaux. Les terminaisons sont celles utilisées dans la taxonomie des pays francophones (entre parenthèses : celles de la taxonomie internationale).

1.2. DES CYANOBACTÉRIES AUX ANGIOSPERMES

Le grand bond évolutif suivant a été la structuration de la cellule eucaryote avec la condensation et la compartimentation du patrimoine génétique (ADN) dans un noyau (caryon), délimité par une membrane. Des cellules eucaryotes ont été trouvées dans des roches datées de 2,7 milliards d'années. En plus d'un noyau, elles possèdent des organites cellulaires tels que des mitochondries, présentes dans la plupart des cellules eucaryotes, et des plastes, présents seulement dans les cellules végétales *(voir 2.1)*.

La théorie la plus largement acceptée pour le passage de la cellule procaryote à la cellule eucaryote est la « théorie endosymbiotique ». Une cellule procaryote aurait différencié un noyau et phagocyté (absorbé) des bactéries pourpres puis des cyanobactéries, qui ont évolué respectivement en mitochondries et en chloroplastes en perfectionnant certaines de leurs fonctions (respiration avec production d'énergie pour les mitochondries, photosynthèse pour les plastes), tout en conservant une part importante de leur patrimoine génétique, donnant l'ADN mitochondrial et/ou chloroplastique des cellules eucaryotes.

Les eucaryotes appartenant au règne végétal sont distribués dans deux grands ensembles :

– les Thallophytes, végétaux dits « inférieurs », non vascularisés, sans feuilles, ni tiges, ni racines. Ils comprennent les protophytes (protistes végétaux) et les algues ;

– les Cormophytes, végétaux dits « supérieurs », vascularisés, possédant des feuilles ou des écailles, des tiges ou des troncs et des racines ou des rhizoïdes. Dans les classifications récentes, on préfère le terme d'Embryophytes pour attirer l'attention sur leur mode de reproduction dont le point commun est la fécondation donnant un embryon. Les grands groupes végétaux appartenant aux Embryophytes (ou Cormophytes) sont les Bryophytes (par exemple les mousses), les Ptéridophytes (par exemple les fougères) et les Spermatophytes (plantes à graines). La **figure 3** résume la chronologie de leur apparition.

Quelques éléments de taxonomie et de systématique

La taxonomie (ou taxinomie) décrit les organismes vivants et les regroupe en entités appelées taxons afin de les identifier, les nommer et les classer. Un taxon, par exemple une famille, est une entité regroupant des organismes ayant des caractères communs définis.

La systématique est la science qui organise le classement des taxons. Il existe de nombreuses classifications obtenues par deux types principaux de méthodes :

- classiques : basées sur des critères morphologiques et anatomiques ;
- phylogénétiques : basées sur des critères moléculaires (marqueurs ADN) qui permettent d'évaluer des degrés de parenté et d'établir des filiations.

Quelle que soit la classification utilisée, tout organisme vivant est identifié par le système binominal proposé par Linné (1707-1778) et adopté au niveau international, qui combine deux noms dérivés du latin (par convention écrits en italique) : le premier, commençant par une majuscule, est le nom de genre, le second, commençant par une minuscule, est le nom d'espèce ; par exemple *Rosa canina* (églantier).

Les genres présentant suffisamment de ressemblances sont placés dans des familles, elles-mêmes regroupées dans des ordres regroupés dans des classes, regroupées dans des embranchements.

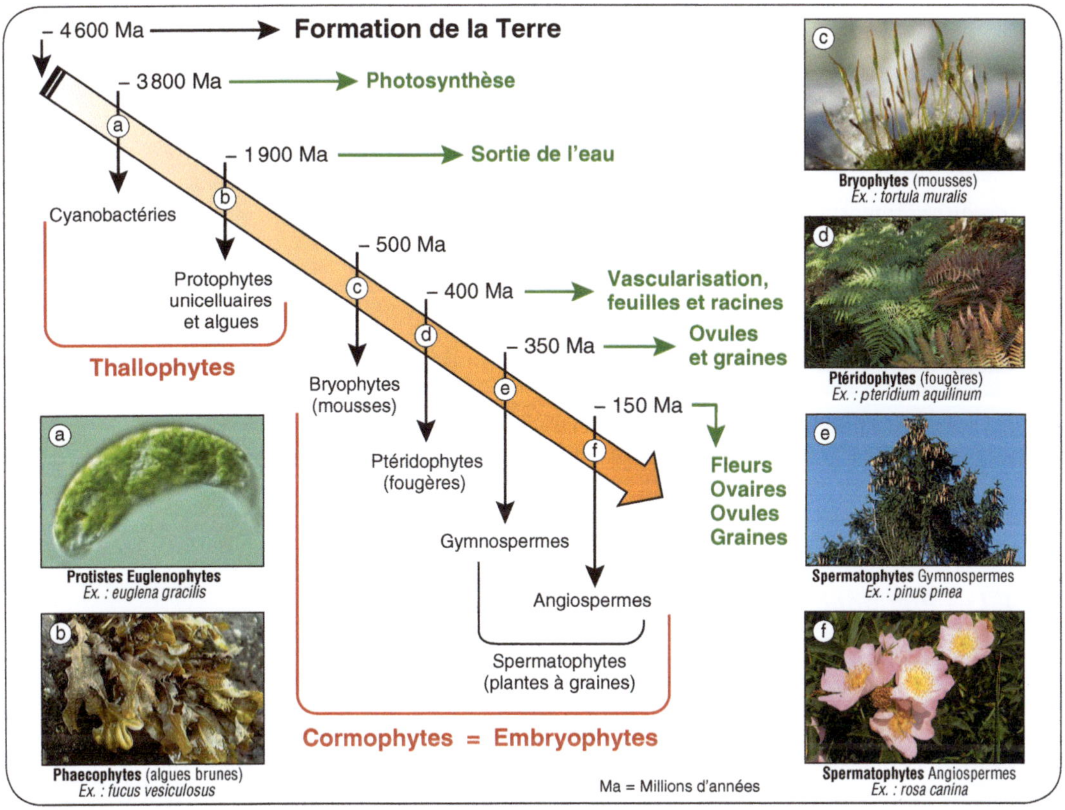

Figure 3. Chronologie de l'apparition des principaux groupes de végétaux avec les innovations évolutives majeures.

1.2.1. Les Protophytes (protistes végétaux)

Les premiers eucaryotes sont aquatiques (eau douce et eau salée) et unicellulaires, ce sont les protistes. Avec environ 300 000 espèces répertoriées, ils présentent une grande diversité et constituent un règne à part dans la classification classique où on distingue les protozoaires (dominante animale), des protophytes (dominante végétale) et des protomycètes (dominante fongique). Toutefois, dans la classification phylogénétique basée sur des marqueurs ADN, ils sont progressivement rattachés au règne animal, au règne végétal ou au règne des mycètes (champignons).

1.2.2. Les algues

Les algues (13 000 espèces répertoriées) sont un ensemble hétérogène comprenant de nombreuses espèces unicellulaires ou multicellulaires avec un système végétatif peu spécialisé, sous forme de thalles à ramifications simples avec des flotteurs et des crampons permettant la fixation. Elles sont classées en Chlorophytes (algues vertes), Phaecophytes (algues brunes) et Rhodophytes (algues rouges) en fonction des pigments dominants (chlorophylles, caroténoïdes, phycoérythrine, phycocyanine), des glucides de réserve (amidon, cellulose, glucanes...) et des conditions de milieu (salinité, temps d'émersion, profondeur d'eau déterminant la quantité et la qualité de la lumière reçue : 20 m maximum pour les algues vertes, 50 m pour les algues brunes et plus de 100 m pour les algues rouges).

1.2.3. Les Bryophytes

Les végétaux sont les premiers organismes colonisant les terres émergées, et leur développement dans les milieux terrestres a ensuite permis la sortie de l'eau des espèces animales. Les premiers végétaux terrestres sont sans doute dérivés d'algues vertes proches de la surface qui se sont retrouvées émergées et ont réussi à s'adapter.

Ce passage à la terre ferme a entraîné des pressions évolutives importantes concernant la gestion de l'eau et des éléments minéraux. On sait que les premiers végétaux terrestres datent d'au moins 500 millions d'années : ce sont des plantes très simples encore très dépendantes du milieu aquatique, ne possédant ni racines (parfois des rhizoïdes) ni vraies feuilles mais des thalles ou des écailles. Les cellules sexuelles mâles ont des flagelles pour se déplacer dans l'eau à la rencontre des cellules femelles qu'elles féconderont en donnant des spores (on a trouvé des fossiles de spores de mousses datant d'environ 480 millions d'années). Leur adaptation à la vie terrestre a été facilitée par des symbioses avec des microorganismes (bactéries, cyanobactéries, algues unicellulaires et mycètes) les aidant à assimiler l'eau et les éléments minéraux.

Les Bryophytes regroupent environ 15 000 espèces. Ils comprennent :

– les Marchantiophytes ou hépathiques, dont les organes végétatifs sont des thalles plus ou moins différenciés et des rhizoïdes ;

– les Anthocérotophytes, qui ont des thalles peu différenciés et pas de rhizoïdes ;

– les Bryophytes *stricto sensu*, qui regroupent les mousses et les sphaignes, ont des feuilles simplifiées en écailles qui captent l'eau sur toute leur surface. Chez certaines mousses on observe des ébauches de tissus vasculaires, ce qui a conduit certains à les classer dans les Trachéophytes, une division regroupant toutes les plantes vascularisées : Ptéridophytes et Spermatophytes (Gymnospermes et Angiospermes).

1.2.4. Les Ptéridophytes

Pour s'adapter plus efficacement à la vie terrestre, les végétaux ont différencié des structures capables de puiser l'eau et les sels minéraux dans le sol, et de les faire circuler dans toute la plante : les racines et les tissus vasculaires ou conducteurs (*voir 2.2*). Les premières plantes vascularisées, aussi appelées Trachéophytes, remontent à environ 420 millions d'années. Pour lutter contre l'atmosphère desséchante, les plantes vasculaires primitives ont synthétisé une couche protectrice à la surface des feuilles, la cuticule, constituée de différentes cires. Elles ont aussi différencié des cellules spécialisées, les stomates, capables de s'ouvrir et de se fermer pour réguler les échanges gazeux (vapeur d'eau, oxygène, dioxyde de carbone) entre l'intérieur et l'extérieur de la plante.

Les Ptéridophytes (18 000 espèces répertoriées) regroupent les Lycophytes (lycopodes et sélaginelles), les Filicophytes (fougères) et les Sphénophytes (prêles). Les Ptéridophytes ne produisent ni fleurs ni graines : ils se reproduisent par des spores qui germent en conditions favorables.

1.2.5. Les Gymnospermes

Le bond évolutif suivant a consisté à différencier des ovules protégeant les gamètes femelles (oosphères) qui, une fois fécondés par des gamètes mâles (pollen), donneront les graines. Les plantes présentant ces caractéristiques sont les Spermatophytes (plantes à ovules) qui rassemblent les Gymnospermes (plantes à ovules nus) et les Angiospermes (plantes à fleurs avec ovules protégés par des ovaires). La vascularisation s'est perfectionnée pour accompagner la spécialisation des organes reproducteurs. À partir des Gymnospermes, des mécanismes de fécondation variés et favorisant la biodiversité ont aussi été mis en place. L'embryon résultant de la fécondation est protégé à l'intérieur d'une graine, ensuite disséminée par différents moyens (vent, insectes, oiseaux). La graine germera quand les conditions seront favorables (présence d'eau, température et lumière appropriées) et l'embryon commencera son développement pour un autre cycle de vie.

Les Gymnospermes sont des plantes ligneuses (arbres et arbustes) et regroupent environ 1 000 espèces répertoriées, distribuées entre :

– les Cycadophytes (cycas), qui ont des racines et des rameaux feuillés dont certains portent de gros ovules ;

– les Ginkgophytes avec une seule espèce, *Ginkgo biloba* ;

– les Coniférophytes, les plus représentés actuellement. Ils ont des feuilles en aiguilles, des canaux résinifères, et sont caractérisés par la différenciation de cônes mâles produisant le pollen et de cônes femelles portant des ovules ;

– les Gnétophytes, qui présentent des caractères préfigurant les Angiospermes : par exemple *Ephedra*, qui a des ébauches de fleurs mâles.

1.2.6. Les Angiospermes, ou plantes à fleurs

Dans la classification classique, on distingue deux grands groupes d'Angiospermes : les Monocotylédones et les Dicotylédones selon la présence de 1 ou 2 cotylédons (préfeuilles de l'embryon dans la graine). Les progrès de la classification moléculaire APG (Angiosperms Phyllogeny Group) montrent que le groupe des Dicotylédones est hétérogène et subdivisé en deux sous-groupes principaux, les dicotylédones vraies (Eudicotylédones) et les dicotylédones archaïques (Magnolidées), qui auraient divergé plus tôt.

La caractéristique principale des Angiospermes est l'acquisition de la fleur avec sa variété de formes et de dispositions des pièces florales (*voir 4.4.1*). Les Angiospermes ont des racines, des tiges (ou troncs) des feuilles et des fleurs avec des ovules protégés dans des ovaires qui, après fécondation, donneront des fruits contenant les graines. Avec plus de 230 000 espèces répertoriées, réparties dans 180 familles et 19 ordres, les Angiospermes dominent la flore actuelle. C'est le résultat d'une grande diversité de stratégies d'adaptation évolutives. La cause principale de ce succès évolutif est l'amélioration des modes de fécondation et de dissémination des graines en relation étroite (coévolution) avec les animaux, en particulier les insectes, principaux pollinisateurs des Angiospermes. De plus, le développement de symbioses diverses et de mécanismes de défense sophistiqués a permis aux Angiospermes de dominer la flore terrestre. La plupart des plantes cultivées dans les agrosystèmes sont des Angiospermes.

À RETENIR

- Les formes de vie primitives (procaryotes, unicellulaires) datent d'au moins 3,8 milliards d'années.
- L'évolution a pris un tournant décisif avec l'apparition de la photosynthèse chez les cyanobactéries, il y a 3,4 milliards d'années. Leur prolifération a entraîné un refroidissement et un enrichissement en oxygène permettant l'émergence de nouvelles formes de vie.
- L'innovation évolutive suivante a été la cellule eucaryote résultant de l'endosymbiose de bactéries pourpres (futures mitochondries) puis de cyanobactéries (futurs chloroplastes de la lignée végétale).
- La lignée végétale comporte les algues, dont certaines sont sorties de l'eau et se sont adaptées à la vie terrestre en différenciant des structures de soutien (Bryophytes), puis des racines et des tissus vasculaires (Ptéridophytes).
- Les étapes suivantes de la coévolution des végétaux avec les autres organismes vivants ont produit l'ovule (future graine) chez les Gymnospermes, puis la fleur où l'ovule (future graine) est protégé dans un ovaire qui donnera le fruit, chez les Angiospermes.

2. De la cellule végétale aux tissus spécialisés

2.1. STRUCTURE ET ULTRASTRUCTURES DE LA CELLULE VÉGÉTALE

Il n'y a pas de cellule végétale type car leur taille (de 30 à 120 micromètres) et leur ultrastructure varient en fonction de l'espèce et de la différenciation. On peut toutefois schématiser les grandes lignes de l'organisation des cellules végétales (**figure 4**), avec d'une part des caractéristiques communes aux cellules eucaryotes (**tableau I**), d'autre part des caractéristiques spécifiques des cellules végétales.

2.1.1. STRUCTURE ET ULTRASTRUCTURES DES CELLULES EUCARYOTES

• *Membrane plasmique, ou plasmalemme : compartimentation du territoire cellulaire et échanges.* Elle est composée d'une bicouche de phospholipides associés à des stérols (cholestérol pour la cellule animale et phytostérols pour la cellule végétale). Des protéines de fonctions diverses s'insèrent sur ou dans la bicouche. Cette structure permet la délimitation du territoire intracellulaire et les échanges entre l'intérieur et l'extérieur de la cellule. Pour les petites molécules, les transports se font par diffusion, par des transporteurs et/ou par des canaux ioniques. La plupart des modes de transport nécessitent de l'énergie, fournie par l'ATP synthétisé par des ATPases intégrées à la membrane. Les grosses molécules comme les protéines (enzymatiques ou de structure) et les polysaccharides (pectines, hémicelluloses et glycoprotéines de la paroi) sont transportées dans des vésicules d'endocytose (de l'extérieur vers l'intérieur) ou d'exocytose (de l'intérieur vers l'extérieur) *via* l'appareil de Golgi. Ce transport permet leur circulation d'un compartiment à l'autre à l'intérieur d'une cellule, mais aussi d'une cellule à l'autre. La membrane plasmique contient des récepteurs pour les divers signaux en provenance d'autres cellules (phytohormones), ou de l'environnement (lumière, température, agents pathogènes…). Des endomembranes de composition et structure proches de celles de la membrane plasmique délimitent tous les compartiments intracellulaires.

• *Noyau : compartimentation de la plus grande partie du patrimoine génétique et fonctionnement des gènes.* Le noyau est délimité par une double membrane, l'enveloppe nucléaire. Elle présente des pores de structure complexe, permettant les exportations d'ARN après transcription de l'ADN et les importations de protéines synthétisées dans le cytoplasme et destinées au noyau. Le noyau possède deux types de structures : le nucléole (siège de la biosynthèse des ribosomes) et la chromatine, qui contient la majorité du patrimoine génétique sous forme d'ADN lié à des protéines : euchromatine relâchée active permettant la réplication et la transcription de l'ADN en ARN, et hétérochromatine condensée inactive.

• *Ribosomes : synthèse des protéines.* Ce sont des structures composées de protéines et d'ARNr (ARN ribosomiques) et constituées de 2 sous-unités : une petite (S pour *small*), qui « lit » les ARN messagers (ARNm) pour commencer la traduction en conformité avec le code génétique, et une grande (L pour *large*), qui réalise la synthèse des protéines en formant les liaisons entre les acides aminés. Pour réaliser la traduction, les ribosomes sont associés au réticulum endoplasmique mais il existe aussi des ribosomes libres dans le cytoplasme, dans les mitochondries et dans les plastes. La biogenèse des ribosomes a lieu dans les nucléoles du noyau.

• *Réticulum endoplasmique (RE) : transport intracellulaire et support des ribosomes.* C'est un long continuum de tubules et de citernes délimité par une simple membrane et relié à l'enveloppe nucléaire. Il y a deux types de réticulum endoplasmique : rugueux (REG) support des ribosomes, et lisse (REL) sans ribosomes. Le RE a plusieurs fonctions : la synthèse et le transport de protéines enzymatiques ou de structure (un adressage dans le bon compartiment cellulaire est réalisé grâce à la présence d'un peptide signal sur la plupart des protéines) ; la synthèse de lipides permettant l'assemblage de nouvelles membranes biologiques ; la synthèse de divers composés phénoliques (par exemple la lignine exportée dans la paroi).

• *Appareil de Golgi : exportation et adressage de protéines.* C'est un ensemble de saccules accumulés à l'extrémité du RE dont il prend le relais pour l'exportation et l'adressage des protéines néosynthétisées. Il est le siège des principales modifications post-traductionnelles.

• *Mitochondries : respiration, production et stockage d'énergie, ADN mitochondrial.* Ce sont de petits organites ovoïdes ou en bâtonnets, délimités par une double membrane. La membrane interne a de nombreux replis et crêtes qui augmentent considérablement sa surface. Les mitochondries, issues de bactéries pourpres (théorie endosymbiotique), ont leur propre ADN (ADN mitochondrial). Elles font la synthèse d'une grande partie des molécules nécessaires à leur fonctionnement et se divisent indépendamment du noyau. Les mitochondries sont le siège de la respiration cellulaire qui, grâce à des ATPases enchâssées dans la membrane interne, produit de l'ATP, forme d'énergie rapidement mobilisable. La membrane interne est aussi très riche en transporteurs.

• *Peroxysomes : photorespiration et détoxification.* Ils sont délimités par une simple membrane et participent à la photorespiration en dégradant le peroxyde d'hydrogène hautement toxique pour la cellule.

• *Cytoplasme (cytosol) : milieu intracellulaire.* Tous les organites baignent dans un gel aqueux (80 % d'eau) contenant de très nombreux ions et molécules. Un brassage permanent des molécules facilitant les réactions métaboliques est produit par le mouvement de cyclose induit par le cytosquelette.

• *Cytosquelette : soutien, mobilité interne et division cellulaire.* Le cytosquelette est composé de 3 types d'éléments pouvant se raccourcir et se détendre : les microfilaments d'actines, les filaments intermédiaires et les microtubules. Outre son rôle de soutien, le cytosquelette joue un rôle essentiel dans tous les mouvements cellulaires et en particulier lors de la division cellulaire, pendant laquelle il mobilise et transporte les chromosomes.

Tableau I. Principales structures et ultrastructures cellulaires communes aux cellules eucaryotes animales et végétales.

Structure ou ultrastructure	Principaux composants	Principales fonctions
Membrane plasmique ou plasmalemme	• Phospholipides • Stérols • Protéines (complexes enzymatiques, récepteurs...)	• Délimitation entre intérieur et extérieur de la cellule • Régulation des échanges entre intérieur et extérieur • Production d'énergie (ATPases) • Réception de signaux
Noyau	• Acides nucléiques (principalement ADN) • Protéines associées à l'ADN • Lipides	• Compartimentation du patrimoine génétique nucléaire • Fonctionnement des gènes
Ribosomes	• Protéines • ARN ribosomaux	Synthèse des protéines (traduction)
Réticulum endoplasmique (RE)	• Protéines • Lipides	• Synthèse de lipides et de protéines • Transport intracellulaire • Support des ribosomes
Appareil de Golgi	• Protéines • Lipides	• Transport et exportation de protéines • Modifications post-traductionnelles
Mitochondries	• Lipides • Protéines • Glucides • ADN	• Respiration cellulaire • Production d'énergie chimique (ATP) • Patrimoine génétique porté par l'ADN mitochondrial
Cytoplasme ou cytosol	Eau, polysaccharides, ions minéraux et molécules diverses	Milieu gélifié propice à toutes les réactions métaboliques
Cytosquelette	Protéines polymérisées (tubuline et actine)	• Soutien • Mobilité interne • Division cellulaire
Peroxysomes	Protéines enzymatiques (oxydases, peroxydases, catalases....)	• Photorespiration • Détoxification

Note : les cellules végétales possèdent des structures spécifiques : la paroi, les plastes et les vacuoles (voir 2.1.2).

2.1.2. Ultrastructures propres à la cellule végétale

• *Paroi : protection et maintien de l'intégrité cellulaire, interface entre membrane et espace intercellulaire.* La cellule végétale est entourée d'une paroi pecto-cellulosique d'épaisseur et composition variables suivant les espèces, la différenciation et l'environnement. Dans les jeunes cellules, c'est une paroi primaire qui est mise en place. Elle se complexifie lors de la différenciation cellulaire jusqu'à la mise en place d'une paroi secondaire. La paroi primaire est composée de fibres de cellulose, elles-mêmes composées de microfibrilles reliées entre elles par un réseau plus ou moins complexe d'hémicellulose, de pectines et de glycoprotéines. De l'eau et des ions sont retenus par les pectines, qui sont surtout présentes dans la lamelle moyenne, partie de la paroi commune à deux cellules. L'ensemble constitue une structure rigide mais conservant une plasticité suffisante pour accompagner la croissance cellulaire. Quand la cellule a fini sa croissance, il y a synthèse de la paroi secondaire de composition variable mais comportant toujours une forte proportion de fibres de cellulose en couches superposées. La paroi secondaire peut s'imprégner de lignine, en particulier dans les cellules du xylème. Chez les algues, il n'y a pas toujours une paroi mais au moins la sécrétion de gels polysaccharidiques comme agars, carraghénanes et alginates. La paroi possède des orifices, sortes de tamis appelés plasmodesmes, qui mettent en continuité les cytoplasmes de deux cellules adjacentes, facilitant ainsi le transport sélectif de molécules d'une cellule à l'autre. La membrane plasmique est aussi en continuité dans les plasmodesmes. Une cellule végétale dont les parois ont été digérées par des enzymes (cellulases et pectinases) est un protoplaste qui régénère rapidement sa paroi.

• *Plastes : fonctions diverses dont la photosynthèse pour les chloroplastes.* Les plastes sont des organites à deux membranes, et d'ultrastructures diverses correspondant aux nombreuses fonctions qu'ils assurent. Les plus importants sont les chloroplastes, usines à photosynthèse (*voir 5.1*). Les chromoplastes stockent des pigments et les amyloplastes l'amidon (**figure 4**). Les proplastes (précurseurs des plastes) de la cellule méristématique sont à l'origine de tous les autres plastes par différenciation d'ultrastructures spécialisées. Les chloroplastes possèdent aussi leur propre ADN car ils résultent de l'endosymbiose de cyanobactéries, et se divisent indépendamment du noyau. Chez les algues, il existe des plastes à deux, trois et quatre membranes, ces deux derniers types de plastes résultant sans doute d'un double événement d'endosymbiose. Chaque type de plaste contient différents pigments (chlorophylles, caroténoïdes, xanthophylles…) dont le mélange donne les couleurs caractéristiques de chaque espèce végétale.

• *Vacuoles : stockage d'eau, de pigments et de molécules diverses, dont des molécules de défense.* Ce sont des sortes de citernes de taille variable (**figure 4**), délimitées par une membrane hémiperméable à l'eau, le tonoplaste. Les vacuoles stockent de l'eau, des pigments, des molécules de défense, mais aussi des enzymes garantissant l'homéostasie (stabilité physicochimique) du cytoplasme ou jouant un rôle lytique pour l'élimination des déchets. Grâce à ses vacuoles, la cellule végétale peut aussi maintenir sa pression osmotique et résister à des déficits en eau. Les échanges entre le cytoplasme et la vacuole se font par diffusion simple ou facilitée et par des transporteurs actifs.

Dans les cellules méristématiques (cellules souches), les vacuoles sont petites et dispersées, les plastes ne sont pas différenciés et le noyau occupe un volume important (rapport nucléo-cytoplasmique élevé). Dans les cellules différenciées, une vacuole peut occuper presque tout le volume cellulaire, les plastes sont différenciés et le noyau occupe seulement une petite partie du volume cellulaire (rapport nucléo-cytoplasmique faible).

La compartimentation très poussée et à géométrie variable des cellules végétales est à l'origine des immenses facultés d'adaptation des végétaux, en relation directe avec la très grande diversité des molécules synthétisées, parmi lesquelles figurent de nombreuses molécules de communication et de défense.

Figure 4. a) Schéma simplifié d'une cellule végétale.
b) Cellules de feuille de haricot observées au microscope électronique. ▶

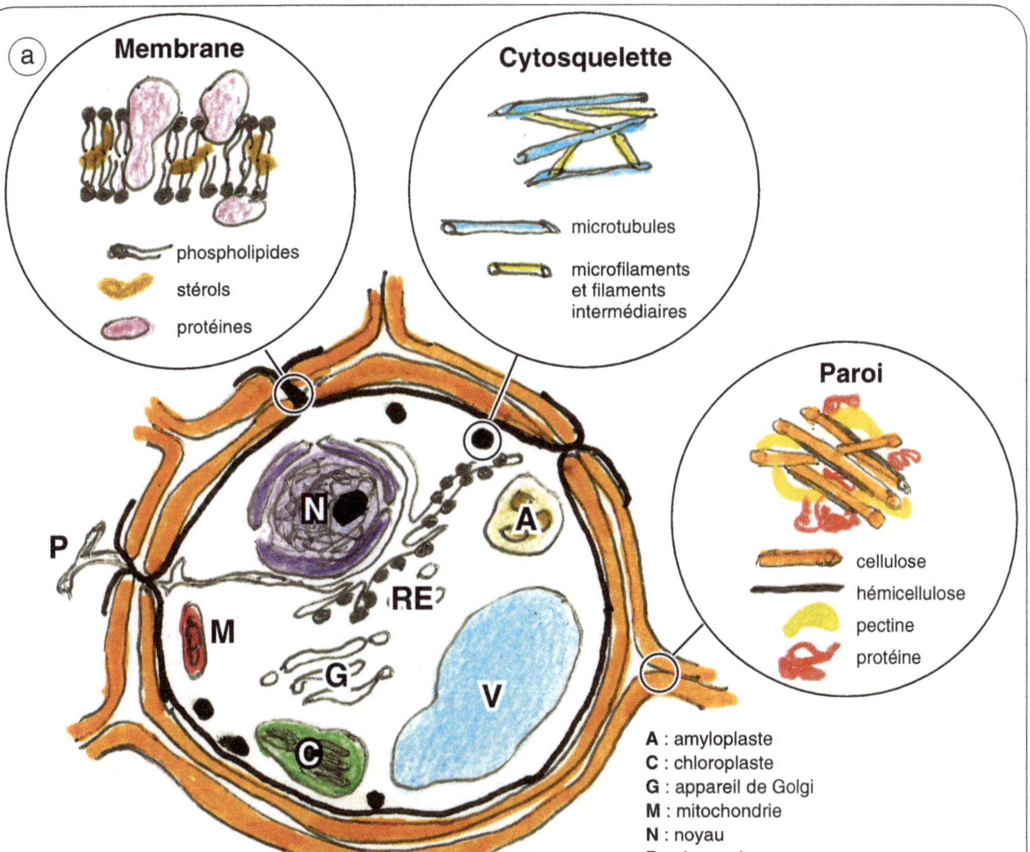

A : amyloplaste
C : chloroplaste
G : appareil de Golgi
M : mitochondrie
N : noyau
P : plasmodesme
RE : réticulum endoplasmique
V : vacuole

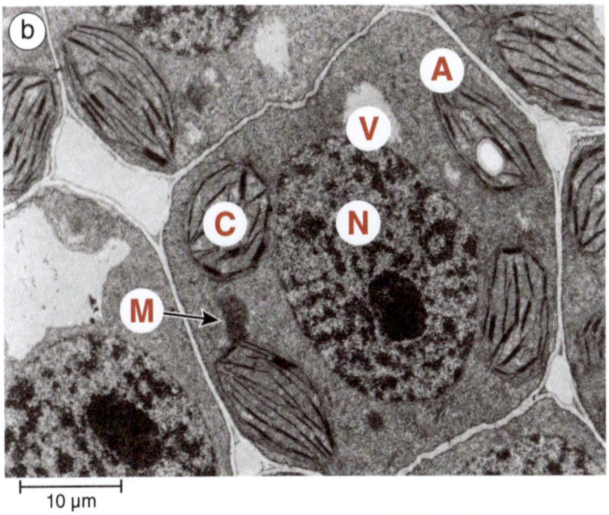

A : amyloplaste (chloroplaste stockant l'amidon)
C : chloroplaste
M : mitochondrie
N : noyau avec nucléole et chromatine
V : vacuoles (petites et peu nombreuses)

2.2. DIFFÉRENCIATION CELLULAIRE ET TISSUS SPÉCIALISÉS

2.2.1. Différenciation cellulaire, totipotence, mort cellulaire programmée

Les végétaux sont soit unicellulaires soit, le plus souvent, multi ou pluri-cellulaires formés de quelques cellules jusqu'à des milliards de cellules (**figure 5**).

Comme toute cellule eucaryote, la cellule végétale se divise pour donner deux cellules identiques par mitose. Les cellules méristématiques (cellules souches) se divisent très rapidement et les cellules filles issues de la mitose se spécialisent pour remplir une fonction précise au sein de l'organisme : c'est le processus de différenciation cellulaire. Chez les plantes, les cellules différenciées sont capables de se dédifférencier pour reformer une réserve de cellules méristématiques qui pourront se redifférencier selon les besoins. Une cellule qui peut se différencier pour donner différents types de cellules est appelée multipotente (potentialités multiples), et une cellule capable, comme la plupart des cellules végétales, de régénérer une plante identique à celle dont elle provient est appelée totipotente (toutes les potentialités).

La mort cellulaire programmée est un processus important chez tous les organismes vivants multicellulaires. Ce processus, qui permet l'élimination programmée de cellules à un moment précis de leur vie, sans causer de dommages aux cellules environnantes, est indispensable à la formation, au maintien et au bon fonctionnement d'un organisme vivant. La mort cellulaire programmée est indispensable pour la formation des tissus conducteurs (cellules vides formant des « tuyaux »). Elle intervient aussi dans certaines étapes de la fécondation et dans les mécanismes de défense des plantes. L'autodestruction (apoptose ou autophagie) de la cellule végétale intervient en quelques heures après l'activation d'un programme mettant en jeu de nombreux gènes codant des enzymes lytiques : protéases, oxydases, nucléases digérant toutes les structures, le noyau disparaissant en dernier.

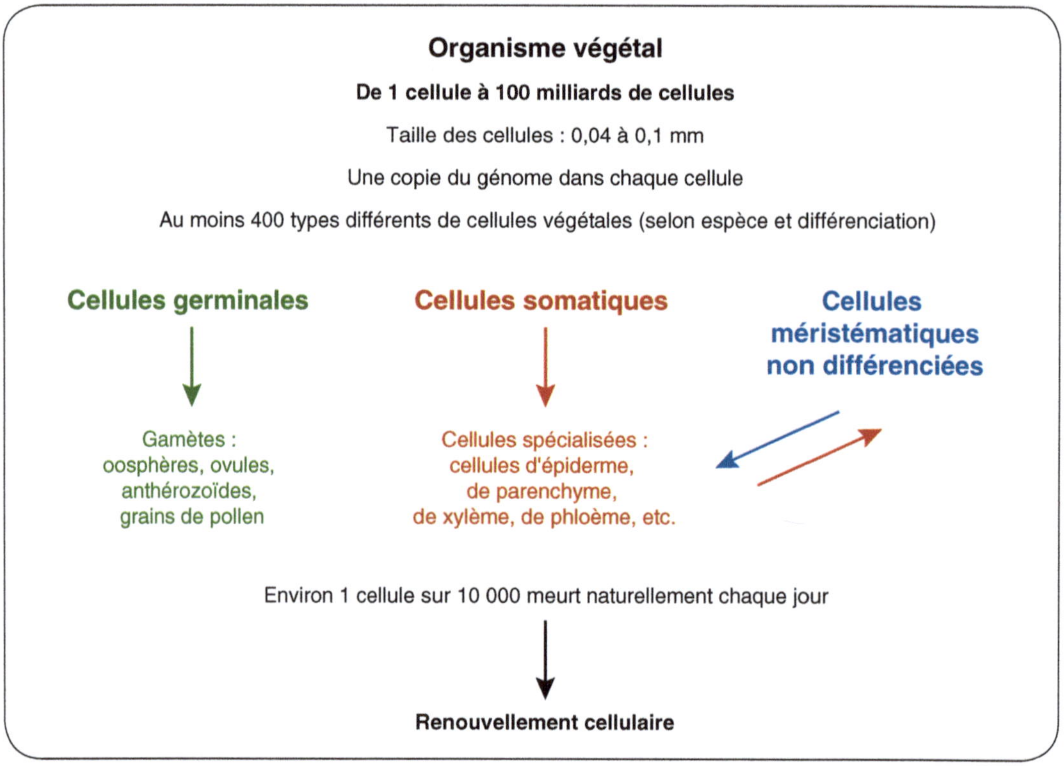

Figure 5. Les grands types de cellules dans un organisme végétal eucaryote.

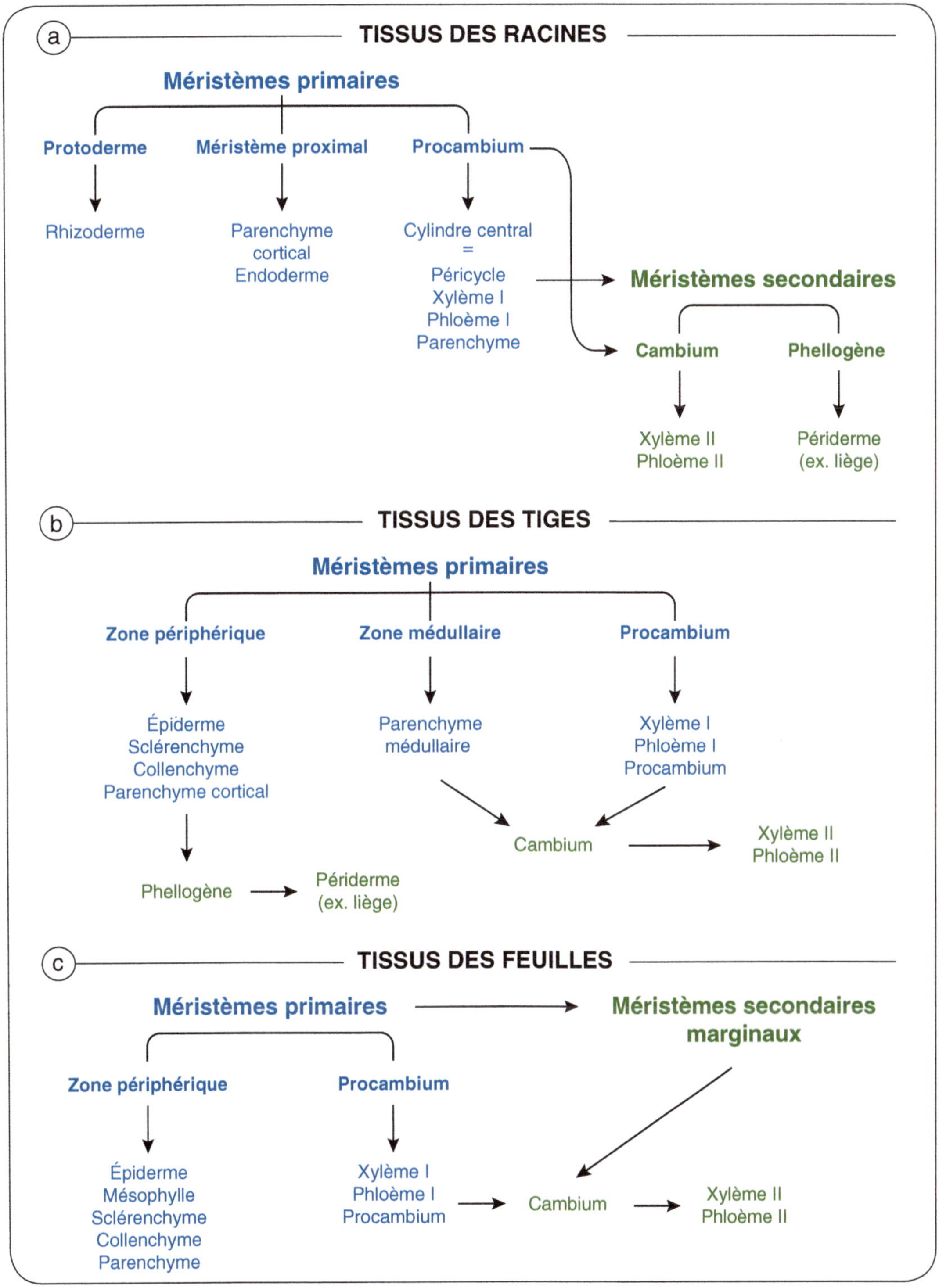

Figure 6. Différenciation des principaux tissus végétaux à partir des méristèmes.

2.2.2. Principaux tissus spécialisés

Différents types de méristèmes (*voir 3.1*) sont à l'origine des principaux tissus caractéristiques des plantes (**figures 6 et 7**).

• *Épiderme :* constitué de cellules généralement non chlorophylliennes, il protège les tissus sous-jacents. L'épiderme des parties aériennes est souvent recouvert d'une ou plusieurs couches de cires protectrices, la cuticule. Certaines cellules de l'épiderme se spécialisent pour donner les stomates ou les poils. Les stomates (**figure 7**) sont formés de deux grosses cellules contenant des chloroplastes. Ils s'ouvrent et se ferment pour réguler les échanges gazeux entre l'intérieur et l'extérieur. Leur forme et leur répartition dépendent de l'espèce.

• *Tissus fondamentaux* : ce sont les parenchymes, les collenchymes et les sclérenchymes (**figure 7**). Les parenchymes sont constitués de cellules riches en chloroplastes. Ils sont présents dans tous les organes et assurent la synthèse (photosynthèse principalement), le transport et le stockage des métabolites. Ils ont une grande aptitude à se dédifférencier pour régénérer d'autres organes. Les collenchymes et les sclérenchymes sont formés de cellules à paroi épaisse très résistante supportant l'étirement dans les organes en croissance.

• *Tissus conducteurs* : présents dans tous les organes des Trachéophytes (plantes vasculaires), ils sont de deux types : le xylème et le phloème. Le xylème, formé en majorité de cellules mortes, comporte un tissu de réserve, le parenchyme, des fibres à rôle de soutien, des trachéides et des vaisseaux (**figures 7 et 8**). Le phloème est formé de parenchyme, de fibres, de tubes criblés et de cellules compagnes. Dans le xylème circule la sève brute en provenance des racines et en direction des feuilles ; dans le phloème circule la sève élaborée, qui recueille les molécules organiques produites par la photosynthèse et les redistribue dans tout l'organisme végétal.

• *Tissus sécréteurs* : de natures variées, ils effectuent la synthèse de substances diverses, par exemple les latex, qui jouent un rôle pour repousser les herbivores et les mucus des plantes carnivores.

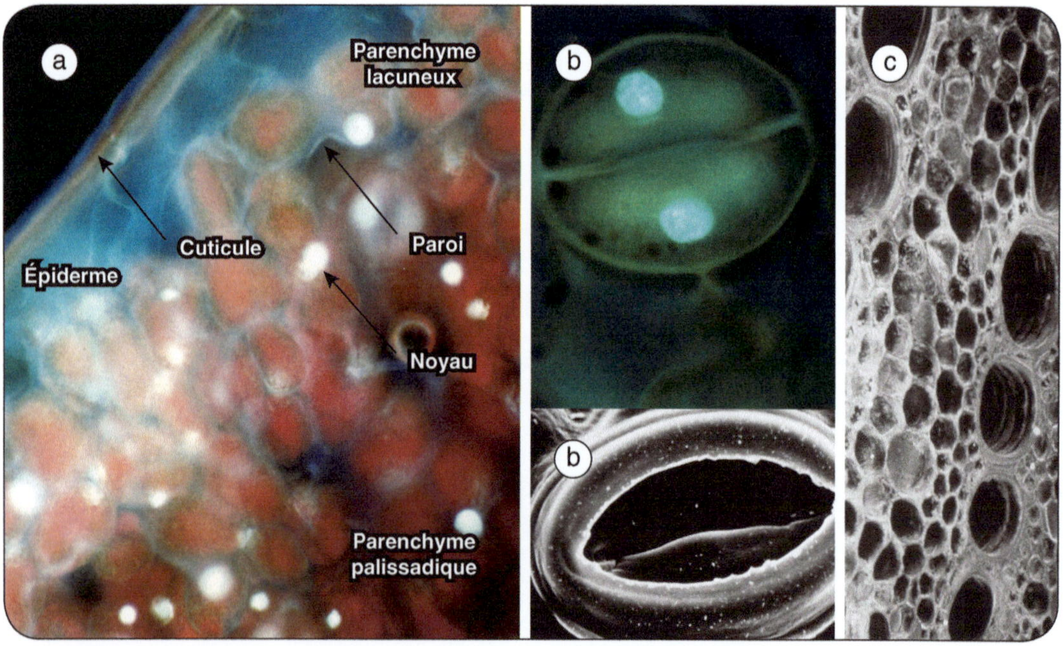

Figure 7. Quelques exemples de cellules, organes et tissus végétaux différenciés.
a) Coupe de feuille observée au microscope à fluorescence (la chlorophylle fluoresce en rouge et les noyaux en blanc).
b) Stomate fermé de tabac avec ses 2 grosses cellules (photo au microscope optique) et stomate de nectarinier (photo au microscope électronique à balayage).
c) Vaisseaux du xylème de tige de tournesol (photo au microscope électronique à balayage).

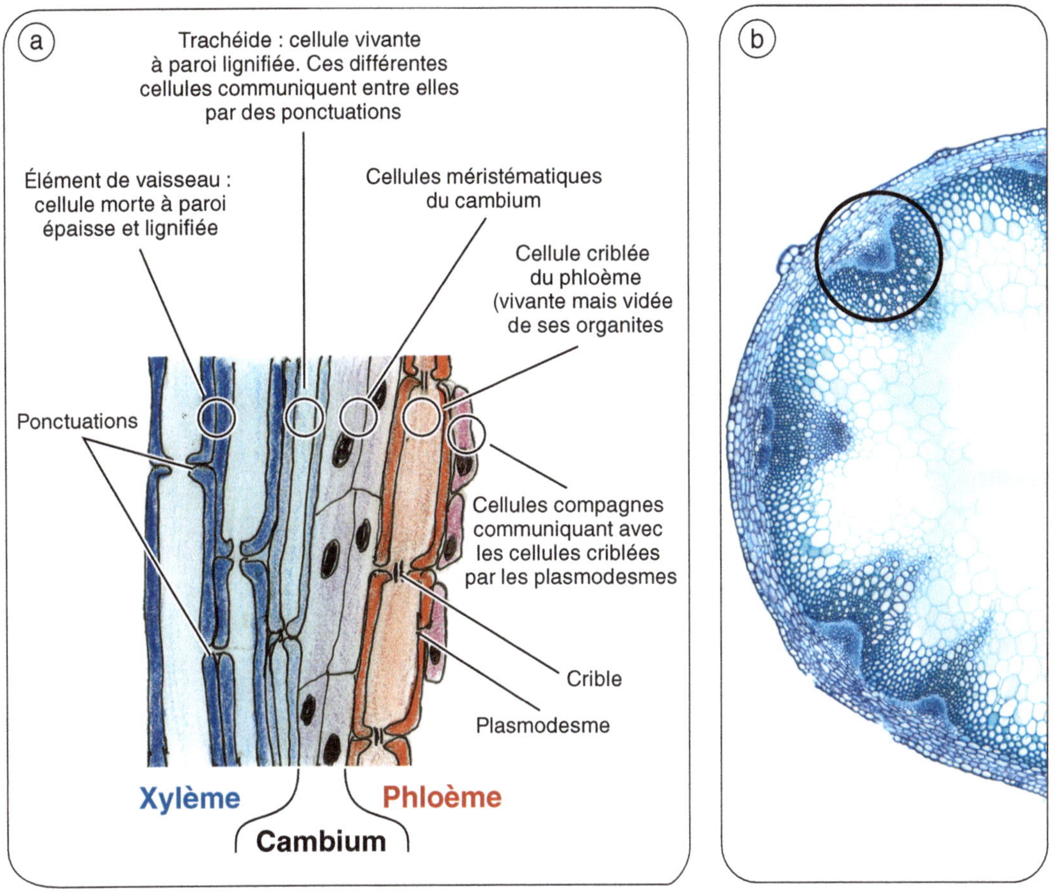

Figure 8. Différenciation des tissus conducteurs à partir du cambium (méristème secondaire).
a) Nature et disposition des différents tissus d'un faisceau conducteur.
b) Coupe transversale de tige d'*Arabidopsis thaliana* colorée au bleu de toluidine.
Dans le cercle noir de la photo b, on voit la disposition des faisceaux conducteurs générés à partir du cambium.

À RETENIR

- Les structures communes à toutes les cellules eucaryotes sont : une membrane plasmique séparant le milieu extérieur du milieu intérieur tout en permettant les échanges, un noyau contenant la chromatine (ADN + protéines), un réticulum endoplasmique et l'appareil de Golgi permettant le transport de grosses molécules, des ribosomes faisant la synthèse des protéines, des mitochondries assurant la respiration et la synthèse d'énergie.
- Les structures spécifiques à la cellule végétale sont : une paroi pecto-cellulosique extérieure procurant un soutien et une protection, des chloroplastes effectuant la photosynthèse, des amyloplastes et des chromoplastes stockant respectivement l'amidon et des pigments, des vacuoles stockant de l'eau, des ions, des pigments et des molécules de défense.
- La cellule végétale est totipotente et les cellules souches méristématiques sont à l'origine de tous les tissus végétaux, du plus simple aux plus spécialisés, parmi lesquels les tissus conducteurs permettant la circulation de l'eau et des éléments nutritifs dans toute la plante.

3. Développement et architecture de la plante

Chaque organisme végétal possède un parcours de développement (ontogenèse) et une architecture typiques de son espèce avec une diversité impossible à aborder dans cet ouvrage. Il a donc été choisi de présenter les principales caractéristiques d'un organisme végétal (**figure 9**) sur une plante de type Angiosperme (plante à fleurs) appartenant au groupe des Spermatophytes (plantes à graines).

Chez les Spermatophytes (Gymnospermes et Angiospermes), il y a deux grandes phases de développement :

– une phase embryonnaire à l'intérieur d'un ovule attaché à la plante mère. Cette phase mène du zygote, résultant de la fécondation, à la plantule, résultant de la différentiation de l'embryon. C'est pendant cette phase que se forme la graine contenant l'embryon ;

– une phase post-embryonnaire, qui va de la germination de la graine à la mort de tout ou partie de la plante. Cette phase comprend l'organogenèse et la croissance des différents organes végétatifs (tiges, feuilles, racines) et reproducteurs (cônes ou fleurs), puis la fécondation, et enfin la sénescence associée au remplissage des graines.

Selon les groupes de végétaux, une à trois générations morphologiques se succèdent au cours de la vie de la plante (**figure 10**). Le développement des Embryophytes, dont les Spermatophytes, comprend généralement deux générations morphologiques : le sporophyte diploïde (2*n*) et le gamétophyte haploïde (*n*). Leur importance réciproque diffère selon les groupes. Chez les Bryophytes, c'est le gamétophyte haploïde provenant de la division d'une spore qui domine. Le sporophyte résultant de la division du zygote vit aux dépens du gamétophyte feuillé. Chez les Ptéridophytes, le sporophyte issu du développement d'un zygote possède tiges, feuilles et racines et le gamétophyte résultant de la division d'une spore est souvent petit, à durée de vie courte et avec une forme rappelant le thalle des Thallophytes.

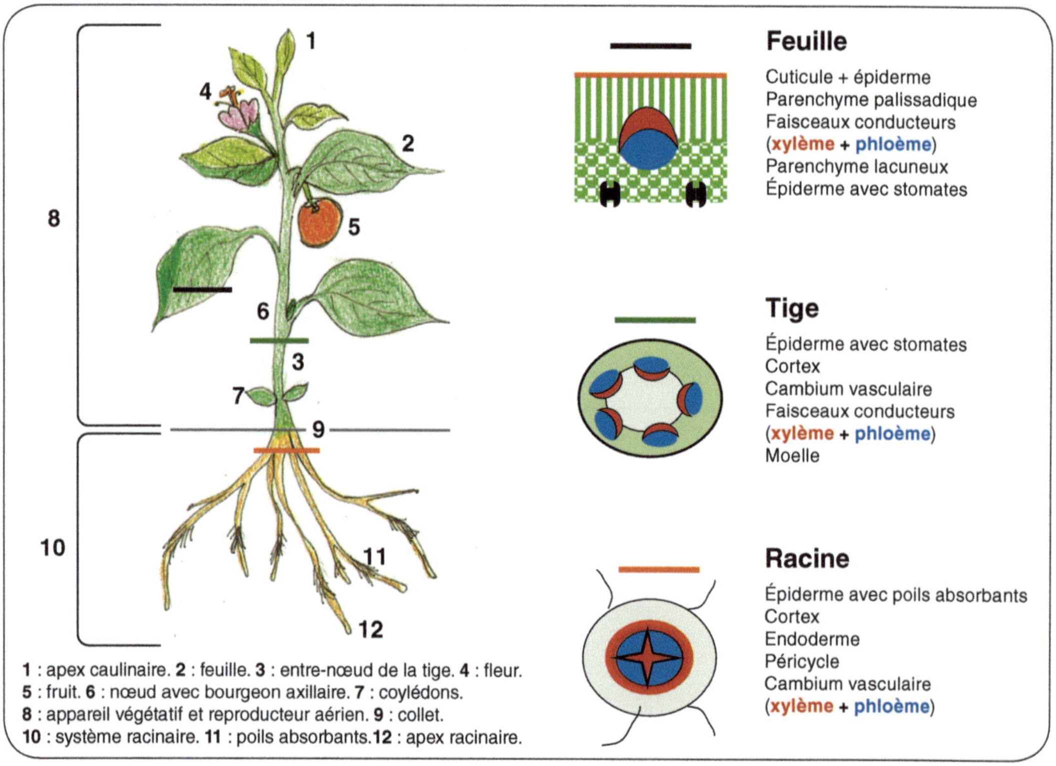

1 : apex caulinaire. **2** : feuille. **3** : entre-nœud de la tige. **4** : fleur. **5** : fruit. **6** : nœud avec bourgeon axillaire. **7** : coylédons. **8** : appareil végétatif et reproducteur aérien. **9** : collet. **10** : système racinaire. **11** : poils absorbants.**12** : apex racinaire.

Figure 9. Représentation schématique d'une plante à fleur (Angiosperme).

Chez les Spermatophytes, c'est le sporophyte qui domine et le cycle de développement est discontinu car une graine peut rester en vie ralentie plusieurs années avant de germer en développant un plant feuillé, le sporophyte, qui différencie un gamétophyte producteur de gamètes. Les Angiospermes produisent un gamétophyte particulier, la fleur.

Par ailleurs, il existe deux types principaux de végétaux correspondant à leur durée de vie :

• *Végétaux annuels*

Ils vivent un an ou une saison. C'est le cas de nombreux Angiospermes herbacés et de certaines algues.

• *Végétaux pérennes*

Végétaux bisannuels herbacés (ils passent la saison froide sous forme de rhizomes ou de bulbes) et végétaux vivaces (pluriannuels) herbacés ou ligneux, dont l'appareil végétatif persiste de plusieurs années jusqu'à plusieurs centaines d'années. Les végétaux pérennes ont en général des cycles de vie alternant des périodes de vie ralentie, de production végétative et de production de graines. Certaines algues sont pluriannuelles.

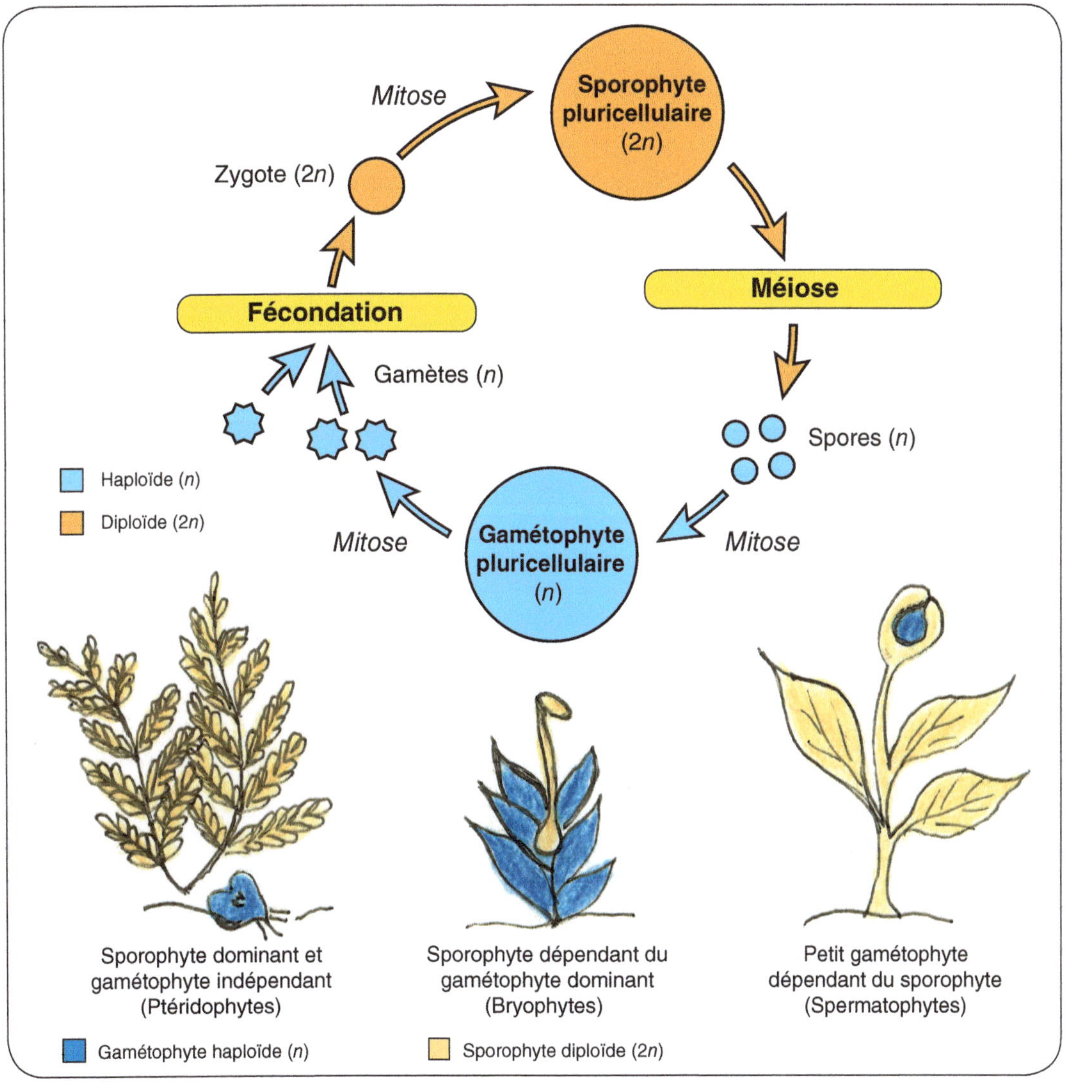

Figure 10. Représentation schématique des alternances de générations dans les cycles de développement des différents groupes de végétaux.

3.1. FONCTIONNEMENT DES MÉRISTÈMES

La croissance et le développement s'effectuent grâce à 3 mécanismes complémentaires :

– mitose (division cellulaire à l'identique) à l'exception de la formation des cellules reproductrices (germinatives) de la fleur, qui s'effectue par la méiose (division réductrice du nombre de chromosomes) ;

– croissance cellulaire (auxèse) ;

– différenciation et dédifférenciation cellulaire.

Les méristèmes sont des tissus constitués de cellules indifférenciées, les cellules initiales, qui se divisent activement, et les cellules jeunes qui en découlent. Les tissus différenciés (histogenèse) et organes (organogenèse) mis en place dans la plante dérivent généralement d'un méristème.

3.1.1. Différents types de méristèmes

Il existe deux types principaux de méristèmes (**figure 11 b**).

• *Les méristèmes primaires.* Situés à l'extrémité des tiges et des racines (méristèmes apicaux), ils mettent en place des méristèmes axillaires (à l'aisselle des feuilles). Les méristèmes apicaux assurent l'allongement de l'axe du végétal en mettant en place tiges, feuilles et racines. Il existe aussi des méristèmes adventifs mis en place par des tissus spécialisés (feuilles, racines) et qui sont, par exemple, à l'origine des stolons ou des racines portées par les rhizomes (tiges souterraines).

• *Les méristèmes secondaires ou cambiums.* Situés dans les tiges, les racines et les feuilles chez les Gymnospermes et les Angiospermes, ils permettent la croissance en diamètre des tiges et des racines. Ils se présentent généralement sous la forme d'une étroite couche cellulaire disposée en couronne (tiges et racines) ou en petits groupes de cellules sur le bord les feuilles. Ils peuvent générer des tissus des deux côtés et ils sont principalement à l'origine des tissus conducteurs (xylème et phloème) et de tissus de protection.

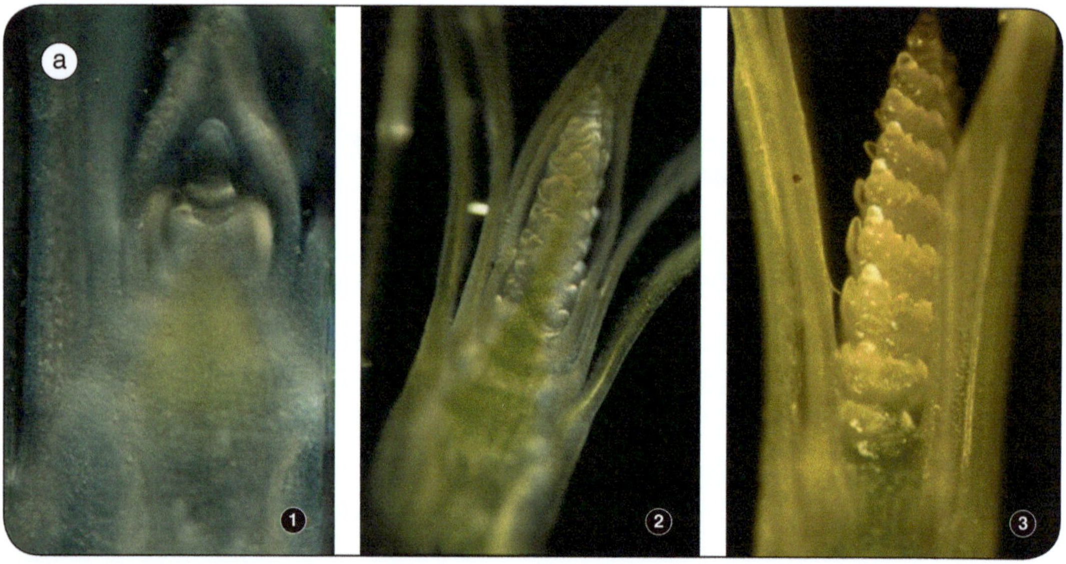

Figure 11. a) Organogenèse d'un épi de blé. Un épi de blé est une inflorescence (ensemble de fleurs) en épi, typique des Poacées (ex-Graminées).

❶ Coupe longitudinale d'un jeune blé. On voit les jeunes feuilles avec les vaisseaux qui les alimentent. Les futurs nœuds et entre-nœuds sont empilés et le méristème apical (futur épi) est en forme de dôme. À la base du méristème, on voit un gonflement annulaire, signe du début de la transition florale.

❷ La phase florale est en cours avec différenciation des pièces florales du futur épi, coordonnée à l'allongement des entre-nœuds (montaison).

❸ Le futur épi est formé.

3.1.2. Division cellulaire : mitose et méiose

Un méristème a pour fonction principale de générer rapidement de nouvelles cellules par mitose. La mitose des cellules végétales est particulière à cause de la présence de la paroi pecto-cellulosique qui empêche les mouvements cellulaires. Les méristèmes mettent en place les nouvelles cellules suivant un plan spatio-temporel complexe pour aboutir à la morphologie caractéristique d'une espèce végétale.

La production de nouvelles cellules par un méristème est potentiellement illimitée (indéfinie) chez les végétaux pérennes, mais chez les végétaux annuels les méristèmes ont un fonctionnement fini. Les cellules générées se différencient pour assurer une fonction dans un tissu ou un organe, puis grandissent. Le grandissement cellulaire, aussi appelé auxèse, est rendu possible par la pression de turgescence qui distend la paroi encore élastique des jeunes cellules. C'est un mécanisme actif sous la dépendance d'une phytohormone, l'auxine, et qui implique une ATPase et des protéines particulières, les expansines. Le grandissement d'une cellule est une phase très brève (quelques heures) qui se termine avec la rigidification de la paroi. La méiose comprend deux mitoses dont une sans doublement des chromosomes (gamétogenèse).

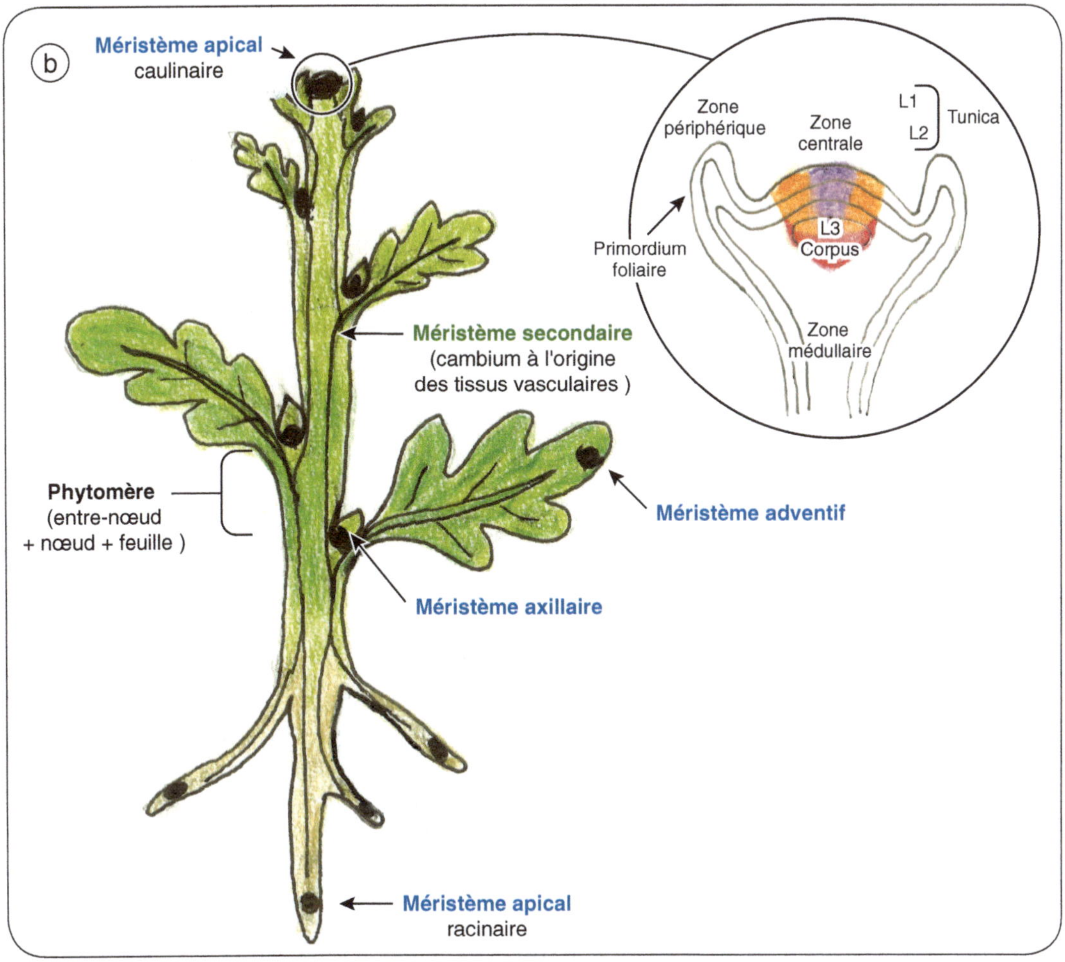

Figure 11. b) Organogenèse à partir des différents types de méristèmes.
Les phytomères sont générés les uns après les autres à partir des méristèmes apicaux et la différenciation des vaisseaux conducteurs accompagne cette organogenèse. L'encadré montre la zonation du méristème caulinaire.

3.2. ORGANOGENÈSE

3.2.1. Tiges, racines, feuilles

Les tiges, racines et feuilles constituent l'appareil végétatif. Chez les Spermatophytes, la racine se développe en premier à partir du méristème racinaire de l'embryon. Elle grandit par son extrémité, comprenant le méristème apical protégé par la coiffe, composée de plusieurs couches de cellules, en mettant en place différents tissus dont les tissus conducteurs. D'une manière générale, la structure primaire de la racine comporte une écorce et un cylindre central (**figure 9**).

L'écorce comporte :

– l'épiderme, tissu de protection générant les poils absorbants dans la zone pilifère ;

– l'exoderme, composé de cellules subérifiées avec un dépôt interne de cellulose qui pourra ensuite se lignifier. Il réduit les pertes d'eau et oppose une barrière aux attaques de microorganismes ;

– le parenchyme cortical composé de cellules non chlorophylliennes mais riches en amyloplastes. Il permet une bonne circulation des gaz dans la racine ;

– l'endoderme, barrière imperméable grâce à des cellules à parois épaisses et subérisées constituant le cadre de Caspary ; contrôlant les mouvements d'eau entre l'écorce et le cylindre central.

Le cylindre central comporte :

– le péricycle composé de cellules gardant longtemps la possibilité de se diviser pour générer des racines latérales et des méristèmes secondaires ;

– les tissus conducteurs (xylème et phloème).

Il existe une énorme diversité de formes et d'ultrastructures des racines suivant les espèces, mais les racines assurent plusieurs fonctions :

– l'ancrage et la stabilisation du végétal ;

– la nutrition par absorption d'eau et d'éléments nutritifs minéraux présents dans le sol ;

– des relations avec l'environnement biotique, souvent par l'intermédiaire d'exsudats racinaires (allélopathie) ;

– un rôle dans la multiplication végétative.

La tige feuillée provient de la gemmule de l'embryon et se construit à partir du méristème caulinaire apical, de manière itérative par modules appelés phytomères comprenant entre-nœud, feuille(s) et bourgeons axillaires. La forme et la disposition des phytomères varient beaucoup selon l'espèce végétale considérée.

Un apex caulinaire (**figure 11 b**) présente la forme d'un petit dôme protégé par des ébauches foliaires (l'ensemble est communément appelé bourgeon). Ce dôme est divisé en plusieurs régions présentant des activités mitotiques et des plans d'organisation et de division différents :

– la zone apicale axiale, ou zone centrale (quiescente, elle devient active lors de la transition florale) ;

– la zone médullaire, qui produit le parenchyme médullaire (au centre des tiges) dont les cellules sont disposées en files verticales ;

– la zone périphérique ou anneau initial : cellules à intense activité mitotique générant les tissus corticaux de la tige et les feuilles.

L'apex caulinaire met en place plus rapidement les organes latéraux (ébauches foliaires) que les tissus internes de la tige. La morphologie des ébauches foliaires est obtenue par une combinaison de mitoses anticlinales (perpendiculaires) et périclinales (parallèles). Des cellules de la base du primordium donnent naissance au procambium puis au cambium. Un bourgeon axillaire est aussi initié. Les ébauches foliaires se développent ensuite en feuilles adultes (limbe + pétiole) grâce à des méristèmes marginaux à fonctionnement limité dans le temps. Chaque cordon de procambium se prolonge vers le bas pour se raccorder aux cordons mis en place au niveau des feuilles apparues précédemment, en se différenciant en tissus conducteurs qui assureront la vascularisation de l'ensemble. La différenciation du phloème est centripète et la différenciation du xylème centrifuge, ces deux tissus étant généralement juxtaposés pour former des faisceaux vasculaires. Chez la plupart des espèces, les entre-nœuds s'allongent (croissance intercalaire) après l'organogenèse foliaire au moment de la transition florale, ce qui rend les phytomères bien distincts. Quand les entre-nœuds ne s'allongent pas, on dit que la plante est en rosette.

En prolongement des racines avec une zone de raccordement appelée collet, la tige assure un rôle primordial de conduction de la sève. Les feuilles sont des surfaces d'échanges avec l'environnement et constituent le siège principal de la photosynthèse. Le pétiole permet d'optimiser l'orientation du limbe pour capter un maximum de lumière. Le limbe est délimité par deux épidermes présentant plus ou moins de stomates : en général, les stomates sont plus nombreux sur la face inférieure (abaxiale) que sur la face supérieure (adaxiale). Chez certaines espèces, les feuilles sont modifiées en aiguilles (Coniféracées), en épines (Cactacées) ou en vrilles (Fabacées).

La tige se ramifie grâce au développement des bourgeons axillaires qui pourront mettre en place de nouvelles tiges feuillées appelées rameaux, ce développement variant selon l'espèce, l'âge et l'environnement. D'une manière générale, l'activité du bourgeon apical inhibe ou ralentit le développement des bourgeons axillaires (dominance apicale). Les tiges rampantes (stolons), les tiges souterraines (rhizomes et tubercules) et les tiges charnues comme les bulbes favorisent la multiplication végétative.

3.2.2. Fleurs

À un moment de la vie de la plante, variable selon l'espèce et les conditions environnementales, le fonctionnement méristématique change pour s'orienter vers une organogenèse florale. Le méristème caulinaire devient méristème reproducteur : c'est la transition florale avec l'entrée en mitose des cellules de la zone apicale axiale. Le méristème floral (**figure 11 a et b**) est divisé en une succession de territoires, chacun donnant naissance à un nombre déterminé d'organes floraux distincts (verticilles) en commençant par les plus extérieurs, sépales, pétales, étamines, la zone centrale produisant le gynécée (carpelles). Dans le cas des inflorescences (ensembles de fleurs), ce sont des bourgeons axillaires qui forment des fleurs, le bourgeon terminal restant végétatif pour construire l'axe de l'inflorescence dans le cas d'une inflorescence indéfinie. Dans une inflorescence définie, le bourgeon apical devient floral et les bourgeons axillaires assurent la croissance. Cette multiplicité de fonctionnement aboutit à une grande diversité de morphologies. Les différents organes composant une fleur sont décrits dans le chapitre 4.

La dernière phase du développement est la sénescence (vieillissement) qui précède la mort de tout ou partie du végétal, chaque espèce ayant une longévité qui lui est propre. Cette phase de développement très dépendante des conditions extérieures induit la remobilisation des ressources vers les graines (*voir 7.4*). Le parcours de croissance et développement d'une plante est schématisé dans la **figure 12**.

3.2.3. Phyllotaxie : disposition des organes

L'organogenèse des feuilles (et ensuite des pièces florales) est rythmique, la vitesse et le plan des divisions étant spécifiques de chaque espèce. On appelle plastochrone le temps séparant l'initiation de deux feuilles (ou pièces florales) successives et phyllotaxie la disposition des feuilles et des pièces florales. Ce fonctionnement est séquentiel, avec une fréquence et un angle dépendant de l'espèce et des conditions environnementales. La meilleure façon d'observer la phyllotaxie est de regarder la tige feuillée ou la fleur du dessus : on peut alors dessiner une ou plusieurs spirales reliant les feuilles et les pièces florales en fonction de leur ordre d'apparition. Dans le cas de fleurs composées (par exemple le tournesol), ces spirales dessinent des formes géométriques complexes. La phyllotaxie a donc des conséquences importantes sur l'aspect de la plante, mais aussi sur son fonctionnement (ombrage d'une feuille sur une autre, par exemple).

3.3. Contrôle génétique du développement

La forme, l'anatomie, la physiologie d'un végétal dépendent de son patrimoine génétique mais aussi de son habitat : ressources en eau et en nourriture, éclairement, photopériode, alternance de température, etc. Les conditions environnementales peuvent aussi affecter la génération fille par l'intermédiaire de la formation des graines et des embryons. Chez les Angiospermes, il existe des phases de vie ralentie des graines (dormance) ou des adultes, généralement en fonction des variations saisonnières (température, éclairement, photopériode).

La croissance et le développement des végétaux sont finement régulés par les facteurs exogènes biotiques (autres organismes vivants) et abiotiques (lumière, température…), mais aussi par des facteurs endogènes comme les phytohormones (*voir chapitre 6*), tous ces facteurs interagissant étroitement. Ces différents stimuli en provenance de l'environnement agissent sur la régulation de l'expression de la plupart des gènes de manière parfois très complexe et souvent pas encore totalement élucidée.

La première étape primordiale est la mise en place de la polarité apico (apex caulinaire)-basale (apex racinaire), déterminée très précocement dans l'embryon. Plusieurs milliers de gènes (environ 4000 chez *Arabidopsis thaliana)* sont impliqués dans l'embryogenèse, et au moins 10 % d'entre eux contrôlent la polarité de l'embryon. De nombreuses études sont en cours pour comprendre comment s'acquiert l'identité cellulaire des cellules initiales d'un méristème. Cette acquisition se fait selon la position de la cellule et par l'échange de signaux (phytohormones, facteurs de transcription…) avec les autres cellules, conduisant à des modifications complexes de l'expression de batteries de gènes (gènes homéotiques). La transition et l'organogenèse florale (**figure 13**), aussi régulées par des gènes homéotiques, sont des processus très complexes qui résultent d'interactions multiples entre facteurs de l'environnement et expression génétique.

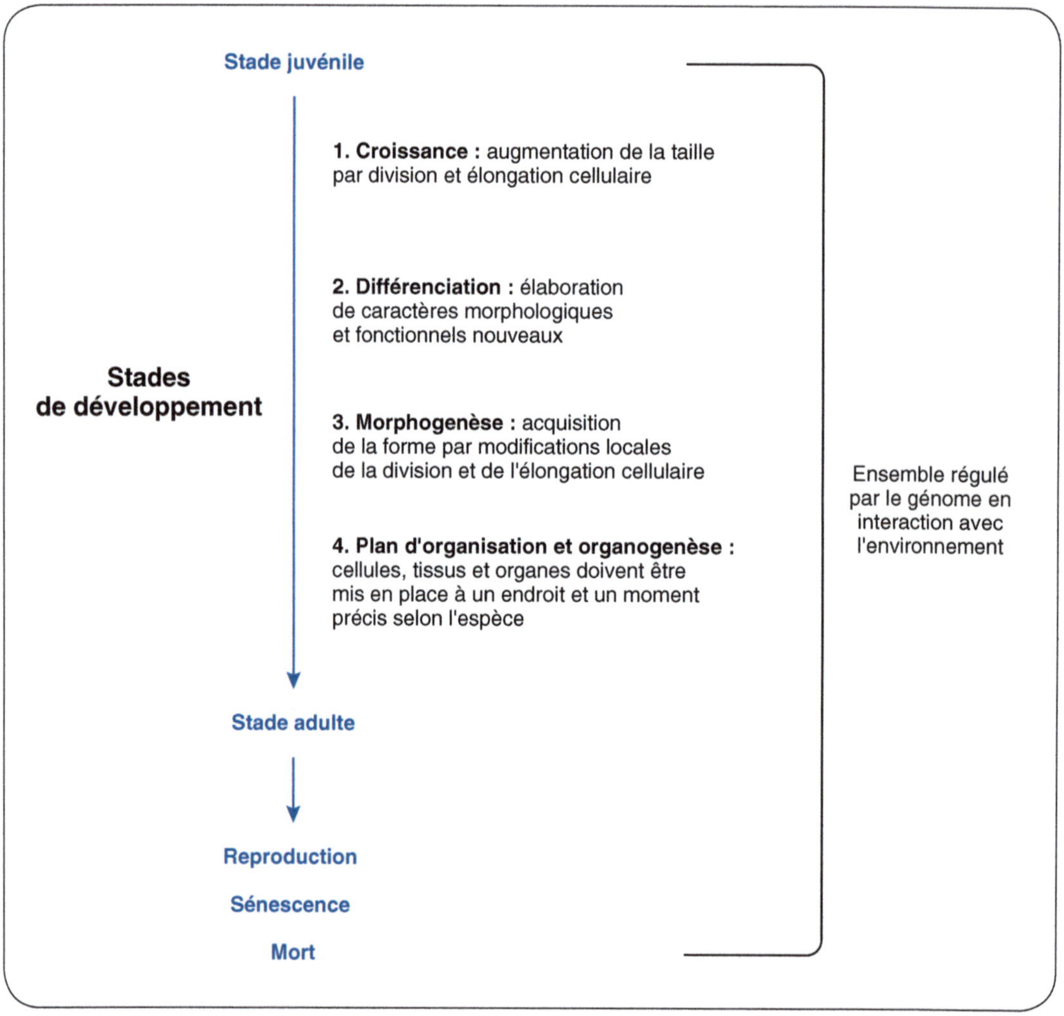

Figure 12. Schéma récapitulatif des étapes de développement d'un organisme végétal (au moins une cellule).

Figure 13. Différenciation florale chez *Arabidopsis thaliana*.
a) Jeune inflorescence. b) Fleur. c) Partie supérieure de la plante à floraison.

Les gènes homéotiques

Ils sont responsables de la mise en place des organes aux endroits corrects. Ils permettent ainsi la construction d'un organisme conforme aux caractéristiques d'une espèce donnée (animale ou végétale). Une mutation sur un gène homéotique conduira à une anomalie morphologique. Les domaines fonctionnels de ces gènes ont des séquences très conservées au cours de l'évolution. Les produits de ces gènes sont pour la plupart des facteurs de transcription modulant l'expression de gènes impliqués dans le développement.

À RETENIR

- Les cycles biologiques des végétaux présentent une grande diversité, avec deux phases distinctes : la phase végétative (construction du sporophyte) et la phase reproductrice (différenciation de gamétophytes produisant les gamètes).
- La construction du sporophyte adulte se fait grâce à des mitoses coordonnées dans différents types de méristèmes :
  - les méristèmes apicaux racinaires et caulinaires, générant respectivement les racines et l'appareil végétatif (tiges et feuilles) puis les gamétophytes (par exemple la fleur des Angiospermes) ;
  - les méristèmes axillaires, permettant la ramification des racines et des tiges ;
  - le cambium, différenciant les vaisseaux conducteurs et permettant la croissance en diamètre.
- L'organogenèse est rythmique et itérative, mettant en place des phytomères (ensembles entrenœud, feuille et bourgeon axillaire).
- Chez les Angiospermes, les méristèmes caulinaires passent d'une organogenèse végétative à une organogenèse florale sous l'action de facteurs exogènes (lumière, température) et endogènes (phytohormones).
- À la fin de sa période de développement, tout ou partie du végétal entre en sénescence puis meurt.
- Toutes les étapes du développement sont sous le contrôle de gènes dont l'expression est modulée par des facteurs endogènes et exogènes.

4. Cycles de reproduction des végétaux

4.1. REPRODUCTION VÉGÉTATIVE ET REPRODUCTION SEXUÉE

La croissance, le développement et la reproduction d'un végétal se présentent généralement sous la forme d'un cycle appelé cycle biologique. Les fonctions de reproduction assurent la pérennité de l'espèce par divers mécanismes, du plus simple, la scissiparité (division à l'identique), au plus complexe, caractérisé par la production et la fusion (fécondation) de cellules sexuellement spécialisées, les gamètes. La **figure 14** récapitule les différents modes de reproduction des végétaux.

La reproduction végétative est un mode de reproduction non sexué rendu possible par la totipotence des cellules végétales : une cellule végétale est capable de donner naissance, après division et différenciation, à un végétal conforme à la plante d'origine. Cette propriété permet la reproduction végétative par boutures, marcottes, stolons, rhizomes, mais aussi par culture *in vitro.*

En ce qui concerne la reproduction sexuée, il existe une immense diversité de cycles de reproduction chez les végétaux. Il est impossible de les aborder dans cet ouvrage mais ils sont tous caractérisés par la succession de phases diploïdes ou diplophases ($2n$ chromosomes) et de phases haploïdes ou haplophases (n chromosomes). Le passage de l'état diploïde à l'état haploïde est effectué grâce à la méiose (division avec réduction chromosomique) produisant les gamètes mâles et femelles. Le passage de l'état haploïde à l'état diploïde se fait grâce à la fécondation, c'est-à-dire la fusion d'un gamète mâle et d'un gamète femelle donnant l'œuf, ou zygote.

Méiose et fécondation sont donc des événements complémentaires assurant la stabilité du nombre de chromosomes chez une espèce donnée tout en favorisant les mélanges génétiques. Le zygote se développe ensuite pour débuter un nouveau cycle. Les états diploïdes caractérisent généralement le sporophyte, qui est souvent la forme représentant l'espèce, et les états haploïdes caractérisent le gamétophyte, qui produira les gamètes.

Formes, durée et succession d'étapes des phases haploïdes et diploïdes sont très variables d'une espèce végétale à l'autre. La **figure 15** montre un cycle de reproduction typique des Angiospermes.

4.2. REPRODUCTION DES ALGUES, MOUSSES ET FOUGÈRES

Pour ces groupes de végétaux, il existe un point commun : la nécessité de la présence d'eau pour au moins une étape du cycle, la fécondation.

Les algues qui regroupent des lignées phylogénétiquement très éloignées ont des cycles de reproduction très diversifiés. Chez certaines algues unicellulaires (par exemple *Chlamydomonas),* la phase diploïde est réduite au zygote résultant de la fusion de gamètes différents (désignés par + et –). Un même individu différencie les deux types de gamètes mais la fécondation se fait seulement entre gamètes issus d'individus différents, ce qui favorise le brassage génétique. Chez d'autres algues, comme *Fucus vesiculosus,* la phase haploïde et la phase diploïde comportent plusieurs étapes mais la diplophase est plus importante que l'haplophase. Les sporophytes sont les thalles dont les thalles mâles différencient des gamétophytes mâles libérant les spermatozoïdes mobiles, et les thalles femelles différencient des gamétophytes femelles formant les oosphères immobiles qui attirent les spermatozoïdes.

Les Bryophytes sont assez souvent dioïques (un pied mâle et un pied femelle) et ce sont ces pieds feuillés qui représentent l'espèce. Chaque pied feuillé est un gamétophyte haploïde et c'est la génération gamétophytique qui est dominante. Les pieds mâles différencient des anthéridies, et les pieds femelles, des archégones contenant une oosphère. À maturité, les anthéridies libèrent des spermatozoïdes mobiles qui, quand les mousses sont recouvertes d'eau (pluie et rosée), nageront et pénétreront dans l'archégone, mais un seul fécondera l'oosphère. Plusieurs archégones peuvent être fécondés mais un seul embryon, qui deviendra le sporophyte diploïde, peut se développer sur un pied femelle. À maturité, ce sporophyte, en général beaucoup plus petit que le gamétophyte, comprend un pédicelle appelé soie surmonté d'une capsule contenant de nombreuses spores microscopiques. Le sporophyte est alimenté en eau et en éléments nutritifs par le gamétophyte sur lequel il s'est développé. À maturité, les spores sont libérées et disséminées. Quand les conditions sont réunies, les spores germent pour donner une structure transitoire, le protonema, sur lequel se développeront les nouveaux pieds feuillés (gamétophytes), bouclant ainsi le cycle.

Les Ptéridophytes ont le même type de cycle mais la morphologie du sporophyte (qui se développe aussi sur le gamétophyte) est différente : le sporophyte a la forme d'une fronde plus ou moins découpée portant des structures appelées sporanges qui libéreront les spores.

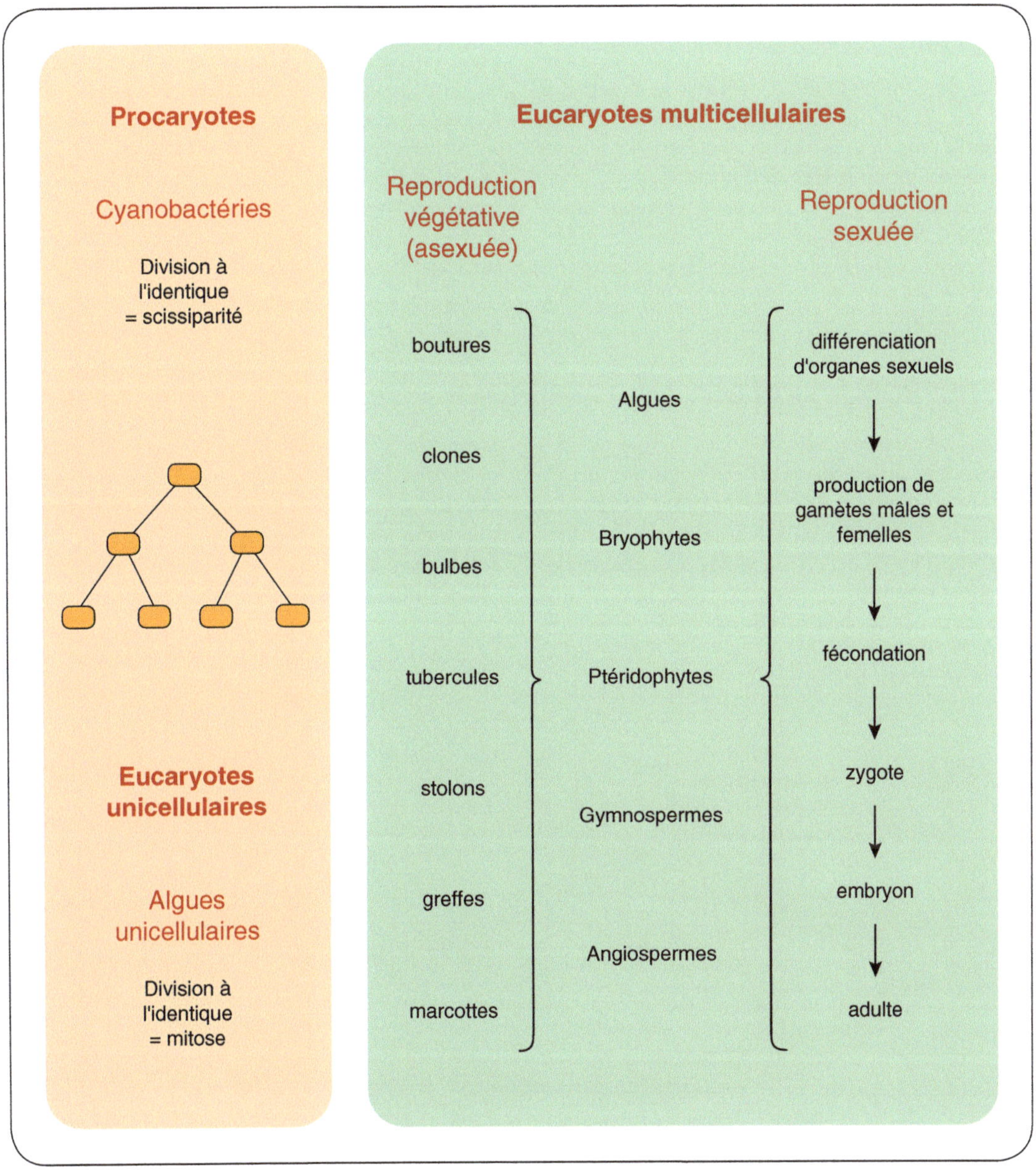

Figure 14. Schéma récapitulatif des différents modes de reproduction d'un organisme végétal.

4.3. REPRODUCTION DES GYMNOSPERMES

Les cycles de reproduction sexuée des Gymnospermes mais aussi des Angiospermes se déroulent de la graine à la graine. Ils ont en commun une forte réduction de la génération gamétophytique haploïde, ce qui est un caractère évolutif apparu déjà chez des Embryophytes et des Trachéophytes, mais particulièrement présent chez les Spermatophytes (Gymnospermes et Angiospermes).

Parmi les Gymnospermes, les Coniphérophytes sont les plus représentés. L'ensemble des phases de formation des gamètes jusqu'à la maturation de la graine peut se faire sur une saison ou sur plusieurs années (3 chez le pin). Pour la plupart, les Coniphérophytes sont monoïques (un seul pied porte les deux sexes) mais les gamétophytes mâles et femelles, appelés cônes, se développent sur des rameaux différents. À maturité, les cônes mâles libèrent les grains de pollen qui sont des microgamétophytes mâles, chaque grain de pollen formant 2 gamètes mâles. Les cônes femelles sont formés d'écailles, chacune ayant à sa base un ovule protégeant le gamétophyte femelle. Un ovule est constitué d'un tégument, d'un nucelle et d'une cellule mère de la macrospore qui subit la méiose pour donner 4 spores dont une seule grandira et se différenciera pour donner les gamètes femelles, les oosphères. Le pollen est généralement dispersé par le vent (anémophile) et, arrivé à proximité d'un ovule, il émettra un tube pollinique qui pénètre dans le nucelle de l'ovule puis, la même année ou l'année suivante, dans l'oosphère. Le zygote ainsi formé se divise et se polarise pour donner l'embryon à l'intérieur de l'ovule qui devient graine en épaississant et lignifiant ses enveloppes, les téguments, après avoir accumulé des réserves. Les graines pourvues d'une aile sont dispersées par le vent après dessiccation et ouverture des cônes. Elles peuvent résister très longtemps en vie ralentie pour attendre que les conditions de germination soient réunies.

4.4. REPRODUCTION DES ANGIOSPERMES

Le cycle de reproduction des Angiospermes (**figure 15**) diffère de celui des Gymnospermes par l'organogenèse de gamétophytes originaux, les fleurs. Pour chaque espèce d'Angiospermes, des conditions environnementales très précises déclenchent la transition florale, par exemple, certains Angiospermes ont besoin d'une période de vernalisation (froid associé à des jours courts). La transition florale est généralement accompagnée d'une élongation de la tige (montaison), à partir de laquelle les méristèmes vont commencer l'organogenèse de pièces florales (nombre, disposition, forme et couleur typiques d'une espèce donnée). Cette phase florale va se terminer par la différenciation des gamètes mâles (une des cellules du grain de pollen) et femelles (l'oosphère de l'ovule). La phase suivante est une double fécondation suivie de la fructification et de la formation des graines.

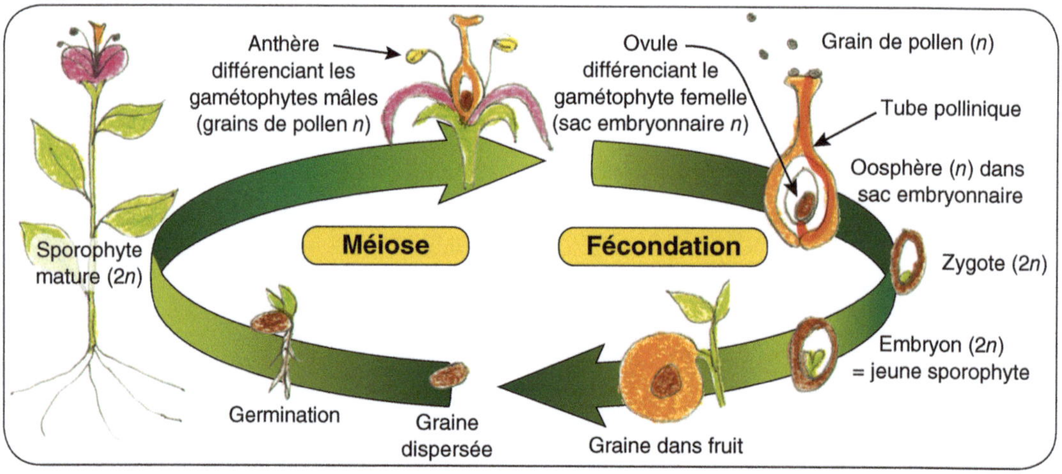

Figure 15. Principales étapes du cycle de reproduction des Angiospermes (leur fécondation est double, voir figure 17).

4.4.1. Floraison : les différents organes reproducteurs

Au cours de l'organogenèse florale, les éléments d'une fleur se disposent de façon régulière ou irrégulière sur 4 cercles concentriques, les verticilles. De l'extérieur à l'intérieur, on trouve les sépales (dont l'ensemble forme le calice), les pétales (dont l'ensemble forme la corolle), puis les étamines (organes mâles) et les carpelles (organes femelles) si la fleur est hermaphrodite, ou bien soit les étamines soit les carpelles pour les fleurs unisexuées.

Ce plan d'organisation (**figure 16**) est stable malgré toutes les variantes morphologiques qui font l'immense diversité des Angiospermes et permettent de distinguer une espèce d'une autre ; il est déterminé génétiquement. Il en est de même des plans d'organisation des inflorescences, la plupart des Angiospermes n'ayant pas des fleurs isolées mais regroupées en inflorescences d'architectures très contrôlées. L'analyse génétique et moléculaire de mutants de développement d'espèces modèles comme *Arabidopsis thaliana* a permis de mieux comprendre la mise en place des différentes pièces florales. Cette mise en place est contrôlée par des ensembles de gènes homéotiques dont les séquences ont été très conservées au cours de l'évolution. Ces ensembles de gènes contrôlent :

– la position d'un organe ;

– la spécificité de l'organe : sépale, pétale, étamine ou carpelle ;

– le nombre d'organes par verticille.

À partir de ce schéma de base, différents types de mutations expliquent les variations constatées sur :

– la symétrie d'une fleur : la symétrie radiale des fleurs actinomorphes (par exemple, le camélia) ou la symétrie bilatérale des fleurs zygomorphes (par exemple, la violette) ;

– le remplacement des organes d'un verticille par un autre type d'organes (par exemple, dans certains cas, des étamines remplacent des pétales, ou l'inverse) ;

– le nombre d'organes sur un verticille ou le nombre de verticilles (par exemple, le doublement des pétales chez l'églantine qui donne les roses).

Trois groupes majeurs de gènes contrôlent l'organisation florale de toutes les espèces : ces groupes, dont certaines fonctions se recouvrent, ont été appelés A, B et C. Le groupe A contrôle les verticilles 1 (sépales) et 2 (pétales), le groupe B contrôle les verticilles 2 et 3 (étamines), le groupe C contrôle les verticilles 3 et 4 (carpelles).

Les étamines, organes reproducteurs mâles, sont constituées d'un filet et d'un sac à pollen appelé anthère qui produit, par méiose, les grains de pollen haploïdes. À maturité, les grains de pollen sont déshydratés, ce qui leur permet de survivre longtemps (temps variables selon les espèces) et d'être facilement transportés.

Le pistil, organe reproducteur femelle, est constitué d'un ou plusieurs carpelles, soudés ou non. Chaque carpelle est constitué d'un ovaire contenant un ou plusieurs ovules (sacs embryonnaires) et surmonté d'un style se terminant par un stigmate plus ou moins ornementé dont la fonction est de réceptionner les grains de pollen et de leur fournir les conditions favorables à la germination.

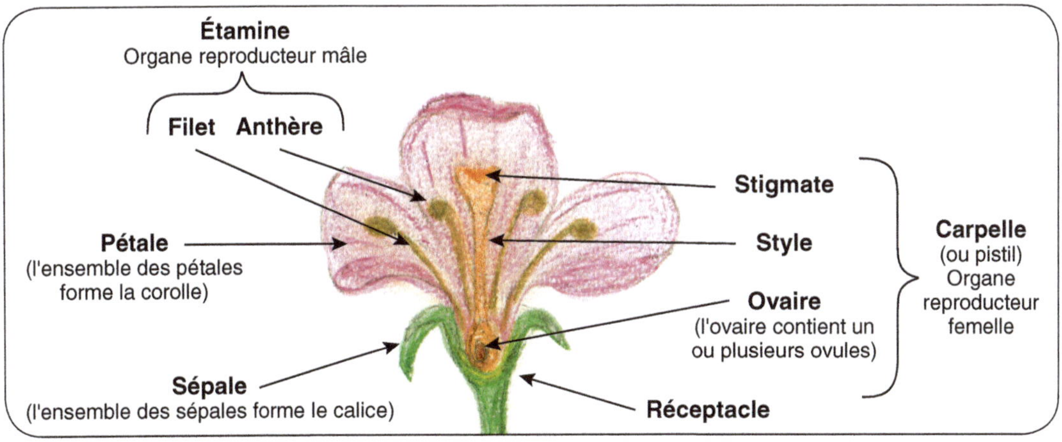

Figure 16. Représentation schématique d'une fleur hermaphrodite d'Angiosperme.

4.4.2. Pollinisation et fécondation

Selon les espèces, la pollinisation se fait soit par le vent (anémophilie) soit par des insectes pollinisateurs (entomophilie) ou même des oiseaux (ornithophilie).

Les différentes innovations évolutives successives optimisant le cycle de reproduction ont permis aux Angiospermes de dominer peu à peu la flore terrestre. Cette domination a aussi été facilitée par une coévolution des Angiospermes et des insectes pollinisateurs favorisant la fécondation croisée (allogamie) par rapport à l'autofécondation (autogamie), ce qui optimise le brassage génétique. On peut citer :

– la présence d'organes mâles et femelles sur des fleurs différentes et même sur des plantes différentes ;

– l'architecture des fleurs rendant nécessaire l'intervention d'un pollinisateur ;

– la maturation plus précoce du pollen (protandrie) ou de l'ovule (protogynie) dans une fleur hermaphrodite ;

– la sélection évolutive de génotypes générant soit des auto-incompatibilités, à l'intérieur d'une même espèce, soit des incompatibilités interspécifiques. C'est un système comparable à l'histocompatibilité des vertébrés (reconnaissance du soi et du non-soi).

Les Angiospermes ont aussi mis en place des stratégies parfois très sophistiquées pour augmenter leur attractivité vis-à-vis des pollinisateurs. On peut citer les différentes formes et colorations des pétales, les nectaires, petites glandes sécrétrices de nectar sucré, l'émission de molécules de communication, comme des phéromones, qui attirent un insecte précis. L'exemple le plus abouti de coévolution optimisant la pollinisation est sans doute celui des Orchidacées avec leurs pollinisateurs (insectes et oiseaux).

La **figure 17** résume les étapes de la pollinisation et de la fécondation des Angiospermes. Dans les conditions optimales, et si pollen et ovules sont génétiquement compatibles, le pollen est réhydraté, puis il germe et émet un tube pollinique qui descend le long du style pour atteindre l'ovaire. Chaque grain de pollen comporte deux gamètes mâles qui sont ainsi transportés par le tube pollinique pour atteindre le sac embryonnaire (ovule) formé par méiose. C'est dans ce sac embryonnaire qu'a lieu la double fécondation typique des Angiospermes. Le sac embryonnaire comprend plusieurs cellules dont deux seulement sont les gamètes femelles et vont jouer un rôle direct dans la fécondation : l'oosphère haploïde et la cellule centrale à 2 noyaux, donc diploïde. Un des gamètes mâles du pollen va fusionner avec l'oosphère pour donner le zygote diploïde pendant que l'autre gamète mâle va fusionner avec la cellule centrale pour donner une cellule triploïde qui évoluera en endosperme dont la fonction est de nourrir l'embryon.

Après cette double fécondation, l'ovule se transforme en graine et l'ovaire en fruit.

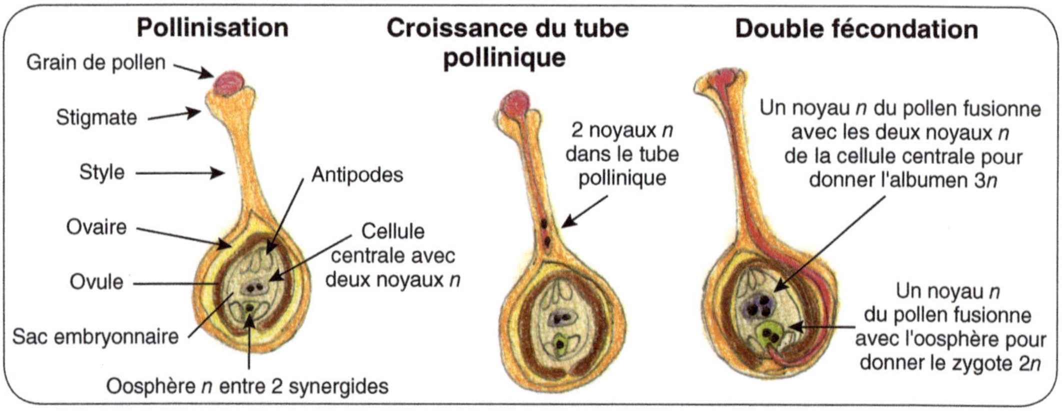

Figure 17. Pollinisation et double fécondation des Angiospermes. Le sac embryonnaire de l'ovule contenu dans l'ovaire contient 6 cellules avec un noyau à n chromosomes : 3 antipodes, 2 synergides et l'oosphère (le gamète femelle), ainsi qu'une cellule avec 2 noyaux à n chromosomes, la cellule centrale. Le grain de pollen contient 2 noyaux à n chromosomes. Lors de la double fécondation, un des noyaux du pollen fusionne avec l'oosphère pour donner le zygote $2n$ qui donnera l'embryon et le deuxième noyau fusionne avec les 2 noyaux de la cellule centrale pour donner l'albumen $3n$ de la future graine.

4.4.3. Fructification, embryogenèse et dormance des graines

En fonction des différences morphologiques des fleurs et des inflorescences, mais aussi de la disposition des ovules dans les ovaires, on obtiendra différents types de fruits. Le stockage de réserves glucidiques, protéiques et lipidiques se fait préférentiellement dans l'un ou l'autre des feuillets constituant l'enveloppe de l'ovaire, appelée péricarpe : l'endocarpe, le mésocarpe et l'exocarpe. Par exemple, chez la pêche, l'exocarpe donne la peau, le mésocarpe se gonfle de réserves et devient très charnu et juteux, l'endocarpe se lignifie et donne le noyau qui contient la graine proprement dite, appelée amande. Chez les légumineuses, les ovaires grandissent pour donner des gousses constituées par le péricarpe et contenant des ovules fécondés, qui grossissent en accumulant des réserves dans les cotylédons, et des ovules non fécondés qui restent petits. Chez les agrumes, ce sont les poils de l'endocarpe qui se gonflent de réserves. La **figure 18** résume les principales étapes de la formation de l'embryon à l'intérieur de la graine (embryogenèse).

L'embryogenèse débute par une première mitose du zygote qui donnera une cellule basale et une cellule terminale. La cellule terminale produit l'embryon proprement dit, et la cellule basale donne le suspenseur, qui ancre l'embryon à l'enveloppe de la graine (tégument) et assure la nutrition de l'embryon à partir de la plante mère, l'endosperme étant une réserve nutritive. L'embryon commence sa différenciation par stades successifs jusqu'à former un ou deux cotylédons (préfeuilles), un méristème apical caulinaire et un méristème racinaire. Au cours de l'embryogenèse s'établit une dormance embryonnaire (dormance primaire), due à l'imperméabilité des téguments au dioxygène et à la lumière. La dormance primaire est différente de la dormance secondaire, qui est l'entrée en vie ralentie de la graine due à des conditions défavorables.

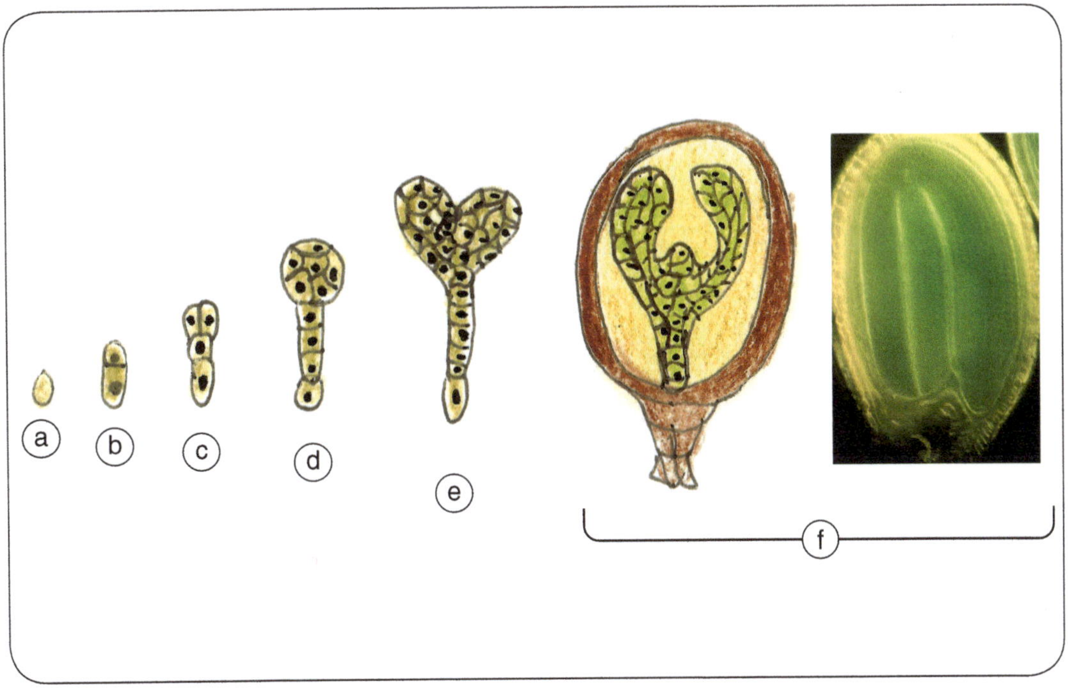

Figure 18. Embryogenèse chez *Arabidopsis thaliana*. Dès que le zygote (a) est formé, une première mitose donne la cellule basale et la cellule terminale (b). Par mitoses successives (c), la cellule basale donnera le suspenseur et la cellule terminale donnera le futur embryon où se différencieront un protoderme, un procambium ainsi qu'un méristème fondamental (d), puis un méristème caulinaire, un méristème racinaire et le ou les cotylédons (e). L'embryon (f) se forme à l'intérieur de la future graine (ovule), protégée par un ou plusieurs téguments. Quand l'embryogenèse est terminée, la dormance s'installe, la graine se dessèche et entre en vie ralentie.

4.4.4. Germination

La germination d'une graine ne peut se produire que si les deux types de dormance sont levés. La dormance embryonnaire est levée en général par un froid humide (4-5 °C), soit naturellement soit artificiellement (stratification en chambre froide, traitement par des régulateurs de croissance), ou, dans certains cas, par une conservation au sec. La dormance tégumentaire est levée par l'altération des téguments (gel/dégel, grattage, microorganismes), par l'augmentation de la pénétration du dioxygène, par des modifications de la température et de la lumière (en particulier le rapport rouge clair/rouge lointain). Chaque espèce a des exigences particulières pour lever la dormance et germer.

Quand la dormance est levée et que les conditions sont favorables, la graine sort de sa vie ralentie et germe. La germination *stricto sensu* est la reprise du métabolisme et du développement. On considère qu'elle commence dès que la graine est en contact avec de l'eau (imbibition) et qu'elle se termine avec la sortie de la radicule (petite racine de l'embryon). Des quantités suffisantes d'eau doivent pénétrer dans la graine pour créer une pression apte à faire sortir la radicule de l'embryon. Celui-ci s'oriente vers le sol (gravitropisme) et se développe rapidement pour pomper l'eau et les sels minéraux nécessaires au développement de la tigelle de l'embryon, qui deviendra autotrophe dès qu'il fera la photosynthèse. Un autre cycle de végétation pourra ainsi recommencer. Les phytohormones impliquées dans la germination sont les gibbérellines et les auxines.

Le déterminisme du sexe chez les Angiospermes

Les Angiospermes sont en majorité hermaphrodites (72 %) et il existe trois types complémentaires de facteurs de déterminisme sexuel:
- les facteurs génétiques: chez les espèces monoïques, il existe des gènes impliqués dans l'organogenèse des étamines ou des carpelles et dont l'expression est progressive au cours du temps (mâle puis femelle). Chez les espèces dioïques, il peut exister des chromosomes sexuels (X et Y), comme chez les mammifères;
- les facteurs environnementaux : des températures d'environ 40 °C ont un effet masculinisant, mais féminisant à 8-10 °C. La lumière intervient aussi, et en particulier la photopériode, avec des effets variables d'une espèce à l'autre;
- les facteurs endogènes: les phytohormones agissent sur le déterminisme sexuel. C'est un effet complexe car une même hormone peut être masculinisante chez une espèce et féminisante chez une autre. Ce sont les modifications des équilibres entre les différentes hormones qui sont déterminantes.

À RETENIR

- Chez les végétaux multicellulaires, la reproduction sexuée présente deux étapes complémentaires:
  - la méiose lors de la gamétogénèse qui réduit le nombre de chromosomes de $2n$ à n;
  - la fécondation, ou fusion de deux gamètes n, qui donne un zygote $2n$.
- Selon les groupes de végétaux, il existe des alternances simples, digénétiques (haploïde puis diploïde), ou plus complexes, par exemple trigénétiques chez certaines algues. L'importance du sporophyte (végétatif) et du gamétophyte (reproducteur) est très variable.
- La domination des Angiospermes sur la flore terrestre a été rendue possible par de multiples innovations protégeant les gamétophytes: la protection de l'ovule puis de l'embryon dans une graine chez les Gymnospermes, puis la protection de l'ovule dans l'ovaire qui donnera le fruit, chez les Angiospermes. L'attractivité de la fleur pour les pollinisateurs optimise la pollinisation.
- Chez les Angiospermes, la fécondation est double et mène au zygote $2n$ et à l'endosperme $3n$, qui nourrira le futur embryon.
- Les végétaux se reproduisent aussi de façon asexuée (végétative). Ce mode de reproduction (boutures, marcottes) repose sur la capacité de dédifférenciation et de différenciation des cellules végétales (totipotence).

5. Les végétaux et la lumière

Les végétaux utilisent la lumière pour la photosynthèse mais aussi pour réguler leur développement (photomorphogenèse). La **figure 19** récapitule les différents effets de la lumière sur les végétaux. La photosynthèse est la fonction représentative du règne végétal : elle permet la transformation du dioxyde de carbone atmosphérique et de l'eau en hydrates de carbone (sucres) grâce à l'énergie fournie par la lumière solaire. Pour avoir une action biologique, le rayonnement lumineux est absorbé par différents pigments, chacun ayant un maximum d'absorption à une longueur d'onde précise. On a établi le spectre d'absorption de la lumière par les végétaux en relation avec différentes fonctions : pour la photosynthèse, il existe principalement deux pics d'absorption dans le bleu et dans le rouge qui correspondent aux pics d'activité photosynthétique. Les longueurs d'ondes vertes sont très peu absorbées par les végétaux, ce qui explique la couleur verte des feuilles.

5.1. LA PHOTOSYNTHÈSE

Grâce à la photosynthèse, les végétaux sont autotrophes et représentent la principale source de matières organiques pour les autres organismes vivants. On estime que, sur la planète, au moins 500 milliards de tonnes de carbone sont fixées par photosynthèse, utilisées par tous les organismes vivants et restitués par la respiration. Les végétaux, appelés producteurs primaires, forment ainsi la base de tous les réseaux trophiques. De plus, la photolyse de l'eau au cours de ce processus produit du dioxygène relâché dans l'atmosphère.

La photosynthèse (**figure 20**) est un processus physicochimique complexe dont l'essentiel a lieu dans les chloroplastes (**figure 21**). Les chloroplastes sont des organites dont l'ultrastructure a évolué à partir des cyanobactéries (théorie endosymbiotique) pour optimiser la collecte de la lumière et le rendement des réactions biochimiques permettant la fixation du carbone atmosphérique puis la synthèse de glucides. Ils sont particulièrement abondants (jusqu'à plusieurs dizaines par cellule) dans les cellules du mésophylle des feuilles. Un chloroplaste est un organite entouré de deux membranes. Il contient un réseau membranaire constitué de sacs aplatis appelés thylacoïdes (ou thylakoïdes), qui baignent dans le milieu interne appelé stroma. Les thylacoïdes sont souvent empilés en *grana* (au singulier, *granum*). Les membranes constituant les thylacoïdes sont très riches en chlorophylles (a, b et c), en caroténoïdes et contiennent de nombreux complexes protéiques fonctionnels comme les photosystèmes I et II, les ATPases et les cytochromes. Le milieu interne des thylacoïdes est le lumen.

Les différentes étapes de la photosynthèse peuvent être brièvement résumées ainsi :

– absorption du dioxyde de carbone (CO_2) et collecte de la lumière par les feuilles. L'énergie lumineuse est absorbée par des antennes collectrices situées dans les membranes des thylacoïdes. Des molécules de chlorophylles a et b et de caroténoïdes y recueillent les photons et les dirigent vers le centre réactionnel (dimère de chlorophylle a) qui activera les photos systèmes I et II de transfert d'électrons ;

– assimilation du CO_2 avec deux types de réactions : des réactions de conversion d'énergie (dans les thylacoïdes des chloroplastes) grâce aux photosystèmes I et II et à leurs chaînes de transfert d'électrons, mais aussi des réactions biochimiques de transformation du CO_2 en matière organique au niveau du stroma (cycle de Calvin). Ces deux types de réactions dépendent l'un de l'autre et ne se produisent qu'à la lumière ;

– translocation des produits de la photosynthèse : stockage ou exportation des glucides mais aussi utilisation des glucides par la respiration pour produire de l'énergie sous forme d'ATP.

Il existe différentes variantes de la photosynthèse permettant aux végétaux d'optimiser la collecte de la lumière et les réactions de fixation du dioxyde de carbone en fonction des conditions climatiques. Le type de photosynthèse est nommé par rapport au nombre de carbone de la première molécule organique formée lors de la fixation du carbone (*voir 5.1.3*). On distingue ainsi : la photosynthèse la plus couramment rencontrée de type C3 (hydrates de carbone à 3 carbones) ; la photosynthèse de type C4 (acides à 4 carbones) ; la photosynthèse de type CAM (acide crassulacéen).

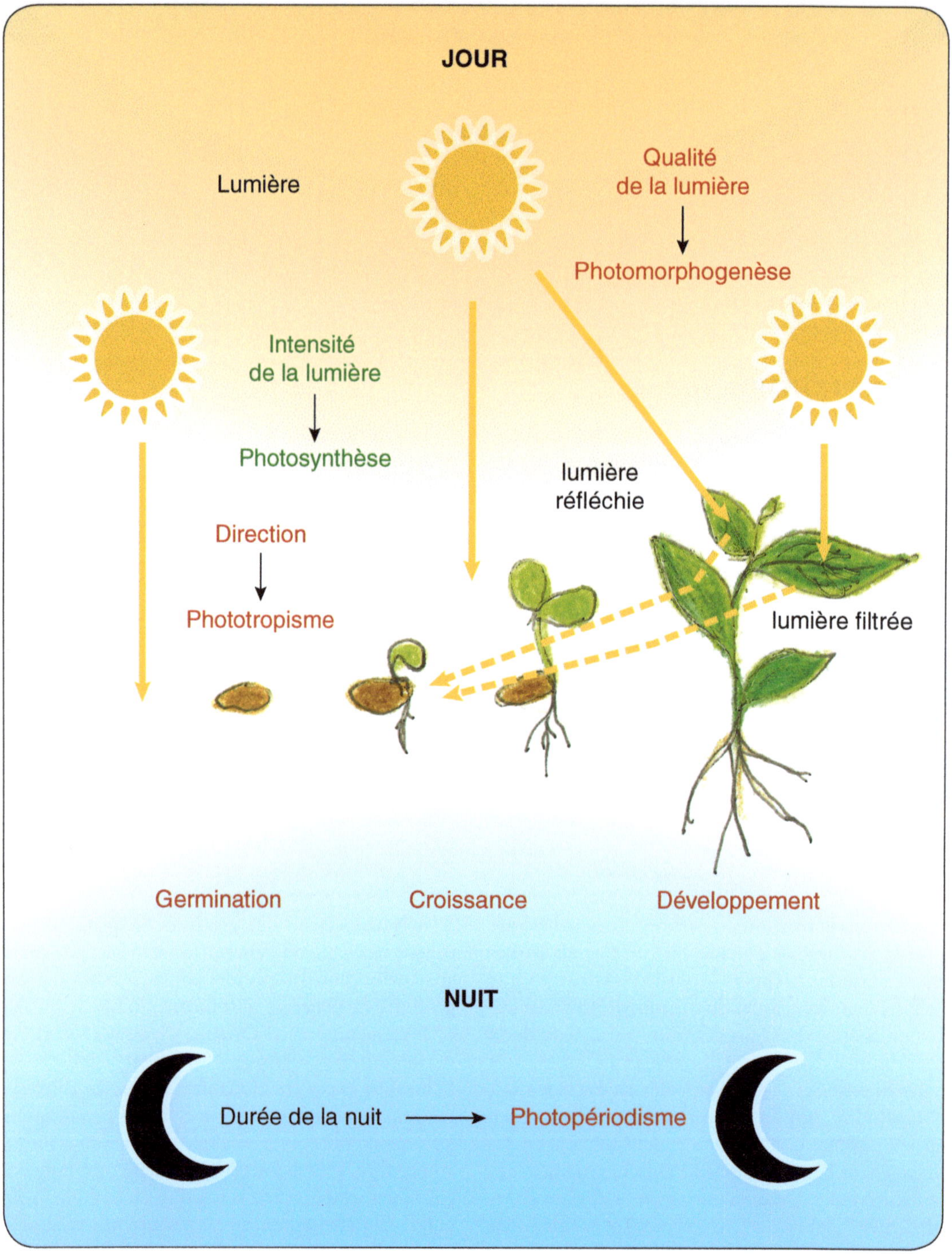

Figure 19. Différents effets de la lumière sur les végétaux. Les végétaux utilisent la lumière (intensité, qualité, durée d'éclairement) pour effectuer la photosynthèse, mais aussi pour contrôler leur morphogenèse et les différentes étapes de leur développement.

5.1.1. Collecte de la lumière et photosystèmes

La morphologie des feuilles est optimisée pour capter le plus possible de lumière et de dioxyde de carbone, mais aussi pour réguler les échanges gazeux entre l'extérieur et l'intérieur. Les cellules des tissus foliaires captent un maximum de photons et les acheminent de façon à augmenter la probabilité d'absorption de ces photons par les pigments récepteurs contenus dans les membranes des thylacoïdes des chloroplastes.

En parallèle, le CO_2 à l'état gazeux est absorbé par diffusion passive par les stomates. Il se dissout ensuite dans la fine couche d'eau qui recouvre la paroi des cellules, puis traverse la paroi, la membrane plasmique et les membranes entourant les chloroplastes à des vitesses variant suivant leur composition et leur structure (dépendant de l'espèce), mais aussi selon les conditions environnementales.

Les réactions complexes de la photosynthèse ont ensuite lieu dans les chloroplastes : des réactions de conversion d'énergie lumineuse en énergie chimique principalement sous forme d'ATP (au niveau des thylacoïdes) et des réactions biochimiques menant à la transformation du CO_2 en composés carbonés organiques (au niveau du stroma).

Les premières étapes de la conversion d'énergie lumineuse en énergie chimique ont lieu dans les photosystèmes (PS), des complexes protéiques associés à des pigments et localisés dans les membranes des thylacoïdes. Ils opèrent la collecte des photons puis une succession de réactions d'oxydoréduction. Il existe deux types de photosystèmes, le PS1 (car le premier découvert) et le PSI2 qui intervient avant le PS1. Chaque photosystème est composé de deux parties :

– l'antenne collectrice de lumière : située en périphérie et composée de 200 à 300 molécules de pigments photosynthétiques (chlorophylles et caroténoïdes), associés à des protéines transmembranaires qui captent les photons pour les conduire aux centres réactionnels ;

– les centres réactionnels : celui du PS1 est appelé P_{700} car il absorbe majoritairement à 700 nm et celui du PS2 est nommé P_{680} car il absorbe majoritairement à 680 nm.

L'énergie lumineuse collectée par l'antenne est transférée au centre réactionnel, où elle induit une cascade de réactions de transferts d'électrons (appelées globalement photochimie) entre donneurs et accepteurs d'électrons, et dont le résultat est :

– au niveau du PS2, une photolyse de l'eau pour en arracher les électrons indispensables à l'alimentation de la chaîne de transporteurs. L'oxygène gazeux qui en résulte diffuse à travers les membranes puis est rejeté à l'extérieur par les stomates. Quatre photons conduisent au rejet d'une molécule d'oxygène gazeux ;

– au niveau du PS1, une réaction photochimique par laquelle l'absorption de quatre photons et la dégradation de deux molécules d'eau permettent la réduction de deux molécules de NADP en NADPH.

Pendant les réactions de transfert d'électrons se produisant à la lumière, il y a libération de protons (H^+) dans le lumen. La membrane des thylacoïdes étant imperméable aux protons, il s'établit alors un gradient de protons de part et d'autre de cette membrane. Cela se traduit par une différence de pH (pH 5 dans le lumen, pH 8 dans le stroma) et une différence de charge électrique (plus de charges positives dans le lumen que dans le stroma) utilisables pour la photophosphorylation de l'ADP en ATP *via* une ATPase dont la tête (CF1) est du côté du stroma.

5.1.2. Fixation du carbone

Les réactions biochimiques permettant la fixation du CO_2 et la synthèse de glucides ont lieu dans le stroma grâce à l'ATP et au NADPH synthétisés dans les thylacoïdes.

Chez la plupart des plantes, la fixation du carbone du CO_2 et sa transformation en triose-phosphate est effectuée par une série de réactions : le cycle de Calvin-Benson ou cycle C3. La première réaction est la fixation du CO_2 sur le ribulose 1,5-biphosphate (RuBP), dont la synthèse dépend elle-même de la lumière. La fixation dépend d'un complexe enzymatique présent en très grande quantité dans les feuilles (40 % des protéines), la rubisco (ribulose 1,5-biphosphate carboxylase-oxygénase). Ce complexe enzymatique est formé de 8 grandes sous-unités protéiques codées par le génome chloroplastique et de 8 petites sous-unités codées par le génome nucléaire.

La synthèse d'une molécule de sucre simple (hexose) nécessite la fixation de 6 CO_2 et utilise

18 ATP, 12 NADPH et au moins 48 photons, le rendement de la réaction photochimique n'étant pas de 100 %.

La rubisco ayant aussi une fonction oxygénase, elle peut catalyser l'oxygénation du RuBP en composé à 2 carbones, le phosphoglycolate, en rejetant du CO_2 : c'est la photorespiration, appelée aussi cycle C2, qui implique non seulement les chloroplastes mais aussi les peroxysomes et les mitochondries. Photosynthèse et photorespiration sont en compétition, l'orientation métabolique de la rubisco dépendant principalement des concentrations relatives de O_2 et CO_2. La photorespiration intervient pour éviter la photo-inhibition de la photosynthèse par un excès d'énergie lumineuse qui aboutirait à l'accumulation de formes actives de l'oxygène, cytotoxiques et pouvant altérer les membranes cellulaires.

Le niveau de la photosynthèse dépend de l'éclairement, de la disponibilité en CO_2 et de la température : elle augmente linéairement en fonction de l'intensité lumineuse jusqu'à une phase plateau de saturation. Toutefois, chez certains arbres, il existe une dépression de midi due à l'augmentation de l'évapotranspiration, le végétal se protégeant alors d'une possible déshydratation en fermant ses stomates, ce qui réduit fortement les échanges gazeux et donc l'efficacité de la photosynthèse. À éclairement constant, la photosynthèse augmente avec la concentration intercellulaire en CO_2 jusqu'à une phase plateau. La concentration en CO_2 intercellulaire est régulée par les stomates.

5.1.3. *Synthèse, stockage et exportation des glucides*

Le triose-phosphate synthétisé en excès par le cycle de Calvin est exporté (à l'aide d'un transporteur situé sur la membrane interne du chloroplaste) vers le cytoplasme, où il est transformé en saccharose (disaccharide formé d'un glucose et d'un fructose) ou bien stocké dans les amyloplastes sous forme d'amidon, un polymère du glucose. Ces deux réserves glucidiques sont utilisables par le végétal.

Le saccharose est ensuite exporté par le phloème vers les autres organes de la plante, c'est la sève élaborée. Il est utilisé pour le fonctionnement des cellules et parfois stocké dans les vacuoles.

Les synthèses du saccharose et de l'amidon à partir du triose-phosphate sont en compétition, l'orientation vers l'un ou l'autre se faisant en fonction des concentrations relatives en triose-phosphate, en phosphate inorganique et en fructose 2,6-biphosphate, un composé intermédiaire dont la synthèse est inhibée par le triose-phosphate. De jour, la photosynthèse est active et la concentration en triose-phosphate augmente, favorisant la synthèse du saccharose. Mais, lors de la transition jour/nuit, c'est le contraire et c'est la synthèse de l'amidon qui est favorisée. Au cours de la nuit, la photosynthèse étant arrêtée, l'amidon sera utilisé jusqu'à la transition nuit/jour qui verra repartir la photosynthèse.

Par la respiration, les glucides sont utilisés comme source principale d'énergie pour effectuer toutes les réactions métaboliques nécessaires aux fonctions vitales du végétal. L'oxydation complète des glucides par la respiration dans les mitochondries permet la synthèse d'ATP : c'est la glycolyse par le cycle de Krebs, dont le point d'entrée est le pyruvate. Ces réactions sont possibles grâce à une chaîne de transfert d'électrons dont l'accepteur final est l'O_2. L'oxydation d'un hexose permet la synthèse de 36 à 38 ATP. Les composés intermédiaires de la glycolyse sont des précurseurs de la synthèse des acides aminés, des lipides, de composés phénoliques et de pigments.

La plupart des végétaux (90 %) utilisent ce type de photosynthèse C3 dont l'efficacité dépend d'une disponibilité suffisante en eau et une température optimale de 25 °C. Dans des conditions plus extrêmes, il existe d'autres façons de réaliser la photosynthèse : c'est le cas des plantes C4 (7 % des plantes mais 40 % des Poacées), adaptées aux climats chauds en toute saison (température optimale 35 °C), et des plantes CAM (Crassulacean Acid Metabolism), adaptées aux climats désertiques chauds et/ou salés (3 % des plantes).

Chez les plantes C4, les premières molécules organiques formées sont l'acide malique (malate) et l'acide aspartique (aspartate) à 4 carbones. Les deux phases principales de la photosynthèse ont lieu dans des cellules différentes, celles du mésophylle qui contiennent beaucoup de chlorophylle mais peu de rubisco et qui font la synthèse de composés C4, et celles de la gaine des nervures, qui contiennent beaucoup de rubisco où va se poursuivre la synthèse des sucres. Les deux types de cellules cohabitent et communiquent par les plasmodesmes.

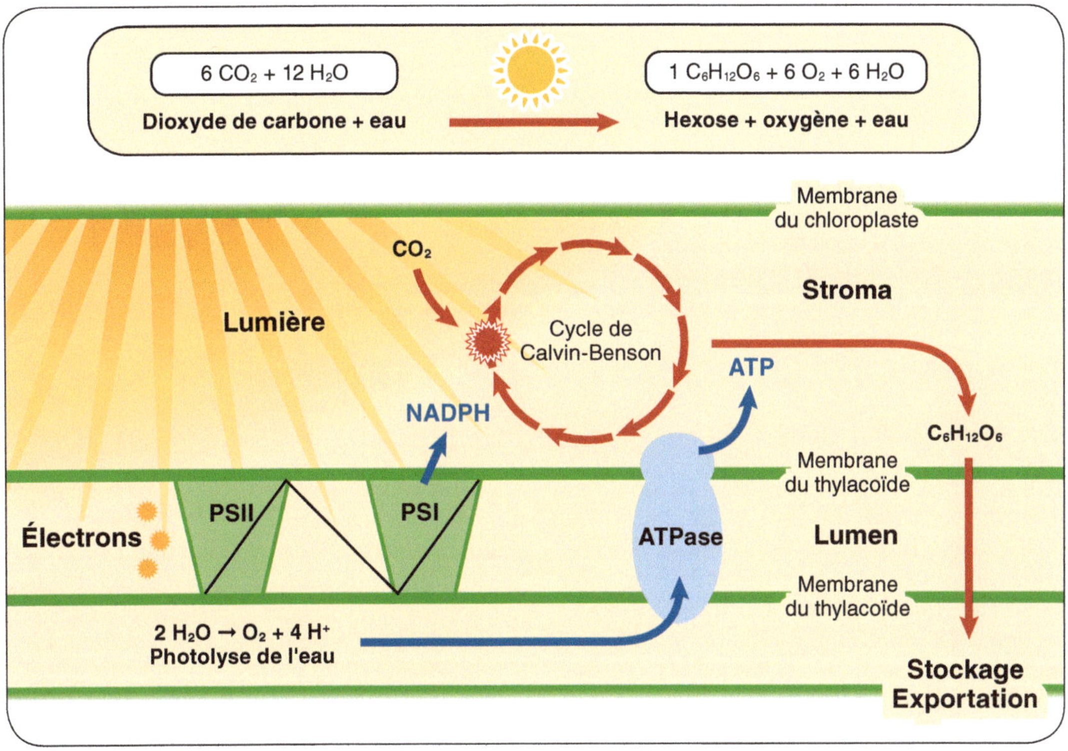

Figure 20. Schéma très simplifié de la photosynthèse.

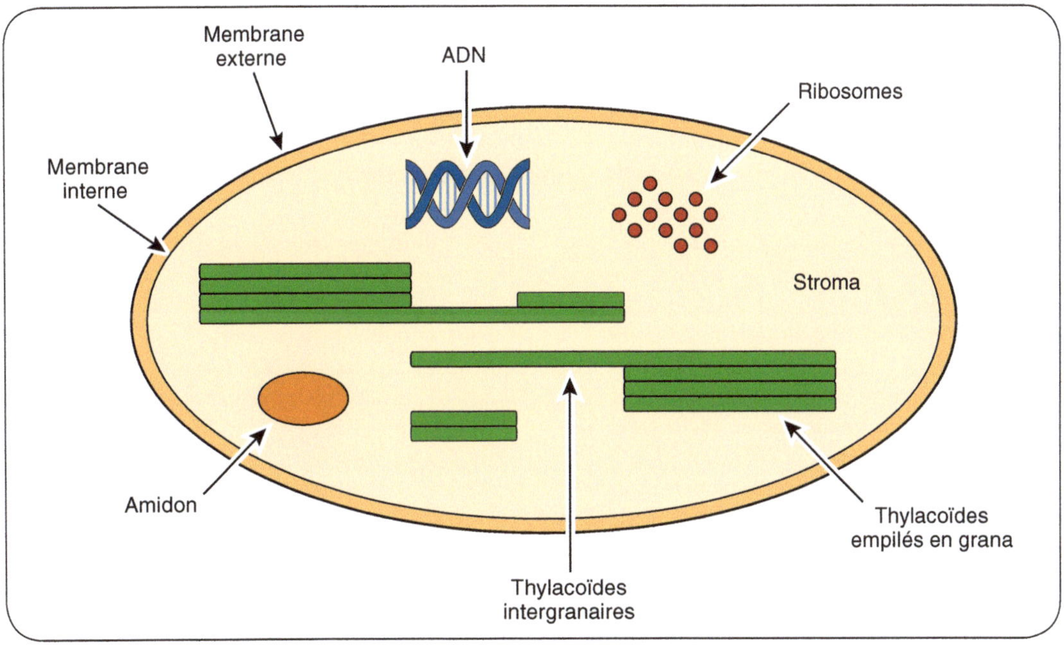

Figure 21. Ultrastructure d'un chloroplaste.

Ce mécanisme mis en évidence dans de nombreuses plantes tropicales (canne à sucre) ou d'origine tropicale, comme le maïs, est une adaptation à la sécheresse avec optimisation de la fixation du carbone sans photolyse de l'eau et sans photorespiration.

La photosynthèse de type CAM se rencontre dans de nombreuses familles de plantes grasses dont les Crassulacées, les Cactacées et les Euphorbiacées. Ce sont des plantes dites xérophytes, c'est-à-dire très bien adaptées à la sécheresse. Le métabolisme des plantes CAM est très proche du métabolisme C4, mais au lieu de se produire dans des cellules différentes, il se produit à des moments différents : la nuit, les stomates sont ouverts et le CO_2 est incorporé dans le malate, qui est stocké dans la vacuole. Le jour, les stomates sont fermés, le malate sort de la vacuole, est décarboxylé avec libération du CO_2, qui est incorporé au cycle de Calvin par l'intermédiaire de la rubisco. Cela représente une autre adaptation à la sécheresse pour éviter les déperditions en eau pendant la journée. En effet, la photosynthèse de type C3 nécessite 400 g d'eau pour fixer 1 g de carbone, contre 250 g pour celle de type C4 et seulement 50 g pour celle de type CAM.

5.2. PHOTOBIOLOGIE ET PHOTOMORPHOGENÈSE

En plus de son rôle primordial dans la photosynthèse, la lumière agit sur la plupart des étapes de croissance et développement d'un végétal (**figure 22**). La perception de la lumière se fait par l'intermédiaire de différents photorécepteurs qui sont à l'origine de chaînes plus ou moins complexes de transduction de signaux, incluant la modulation de l'expression de nombreux gènes et aboutissant à la régulation de la plupart des processus physiologiques tels que germination, organogenèse, transition florale et embryogenèse. Dans ce type de réactions, la lumière agit en tant que signal et non plus comme source d'énergie.

5.2.1. Principaux photorécepteurs

Il existe 5 grandes familles de photorécepteurs (**figure 22**) : les phytochromes (absorption de la lumière rouge : entre 660 et 735 nm), les cryptochromes (absorption de la lumière bleue : entre 400 et 500 nm), les phototropines (absorption des UVA : entre 320 et 400 nm) et les récepteurs d'UVB (absorption entre 290 et 350 nm).

Le mode d'action de ces photorécepteurs suit un schéma général semblable : absorption de la lumière de longueurs d'ondes précises au niveau des photorécepteurs, induction d'une chaîne de signalisation cellulaire, régulation de l'expression génique et mise en place des effets physiologiques.

5.2.2. Régulation de la croissance et du développement par la lumière

Par l'intermédiaire des photorécepteurs, les végétaux perçoivent la qualité, la direction et la durée de la lumière (**figure 22**). Les principaux effets physiologiques sont le photopériodisme (perception de la durée relative du jour et de la nuit), le phototropisme (croissance orientée en direction ou à l'opposé de la lumière) et la photomorphogenèse, dont les effets sont importants au niveau de la germination, de la croissance et de la transition florale.

Les phytochromes régulent la plupart des phases de la vie d'une plante : la germination, l'architecture de la plante adulte, la transition florale, la synthèse de la chlorophylle et la perception de l'ombrage. Les phytochromes sont des photorécepteurs, composés d'une protéine et d'un groupement tétrapyrolique, qui absorbent de manière très précise la lumière rouge clair (autour de 660 nm) et la lumière rouge lointaine (autour de 730 nm). Le rapport entre ces deux types de lumière, qui varie au cours de la journée et des saisons, induit une photoconvertibilité réversible entre une forme biologiquement active, la forme Pfr (fr pour *far red* = rouge lointain) qui absorbe le rouge lointain, et une forme biologiquement inactive Pr, qui absorbe le rouge clair. C'est le rapport entre les concentrations des deux formes qui régule les effets physiologiques. Ce rapport varie aussi en fonction de la température.

Les cryptochromes régulent l'élongation des tiges, l'expansion des feuilles et la synthèse des anthocyanes, une famille de pigments dont la couleur va du jaune au noir en passant par toutes les nuances de rose, de violet et de bleu.

Les cryptochromes interviennent aussi dans la régulation de la floraison et dans le maintien des rythmes circadiens (journaliers), chez les plantes mais aussi chez les animaux.

Les phototropines et les récepteurs d'UVB régulent le phototropisme et le mouvement des chloroplastes, qui s'étalent pour capter le maximum de lumière ou qui s'empilent pour éviter la photo-oxydation par un excès de lumière. Les phototropines participent aussi à l'ouverture des stomates.

Les photorécepteurs agissent aussi en interaction avec la plupart des phytohormones (*voir chapitre 6*).

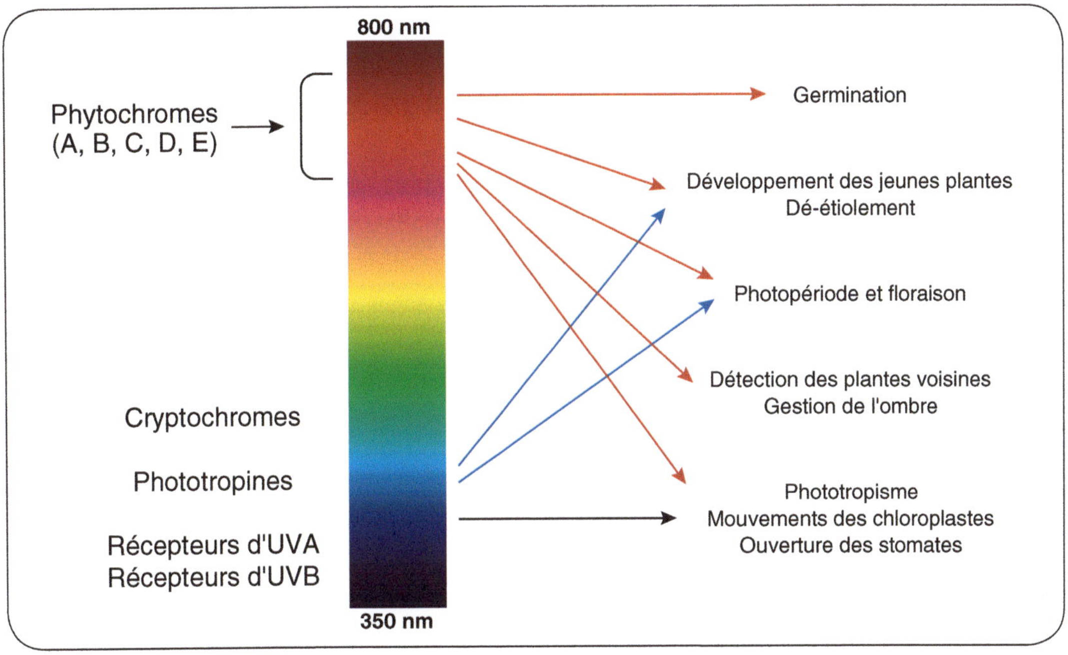

Figure 22. Rôles des principaux photorécepteurs dans la croissance et le développement d'une plante.

À RETENIR

- La photosynthèse est un ensemble complexe de réactions qui ont lieu dans les chloroplastes. Elle utilise la lumière solaire, du dioxyde de carbone et de l'eau pour synthétiser des glucides qui serviront de base pour les autres synthèses organiques (autotrophie) des végétaux. Les principales phases de la photosynthèse sont : la collecte de la lumière, la photolyse de l'eau, la fixation du carbone grâce à la rubisco (un complexe enzymatique), et enfin la transformation en hexoses (sucres simples), la plupart du temps par le cycle de Calvin. Les sucres sont transportés par la sève élaborée pour être utilisés dans toute la plante, ou stockés sous forme d'amidon.
- Il existe trois types de photosynthèse, nommés en référence à la première molécule carbonée organique synthétisée : C3 concerne la plupart des plantes ; C4 et CAM sont des adaptations à des contraintes climatiques (température et disponibilité en eau).
- La photosynthèse utilise seulement une partie des longueurs d'onde du spectre de la lumière solaire (dans le rouge et le bleu) mais d'autres longueurs d'onde perçues par des photorécepteurs (phytochromes absorbant dans le rouge, cryptochromes absorbant dans le bleu et récepteurs d'ultraviolet) sont utilisées pour contrôler la croissance et le développement. La lumière active un photorécepteur en déclenchant une chaîne de transduction de signaux cellulaires contrôlant l'expression de gènes impliqués dans la régulation des grandes étapes du développement (floraison, sénescence, germination).

6. Les phytohormones ou régulateurs de croissance

La croissance et le développement des végétaux sont aussi régulés par des signaux endogènes, les plus importants étant les régulateurs de croissance ou phytohormones.

6.1. LES PRINCIPALES PHYTOHORMONES : SYNTHÈSE ET RÔLES

Les végétaux n'ont pas d'organes spécialisés pour la synthèse des phytohormones, ce qui fait que le terme « régulateurs de croissance » est parfois préféré au terme phytohormones.

D'une façon générale, une phytohormone est une substance endogène, qui agit à faible dose en transmettant une information à une cellule cible dont elle modifie le fonctionnement.

Les principales phytohormones sont présentées dans la **figure 23** et le **tableau II**. Les plus connues depuis longtemps sont :

– les auxines : elles induisent l'élongation cellulaire, la dominance apicale, la rhizogenèse, la croissance et la maturation des fruits, la production d'éthylène. Elles inhibent l'abscission (chute) des feuilles et des fruits et contribuent à la levée de dormance des graines. Les auxines sont synthétisées principalement dans les apex caulinaires et dans les jeunes feuilles. Elles peuvent être libres ou liées à d'autres molécules et sont transportées par le phloème de manière active et polarisée, du haut vers le bas (basipète). Ce sont des molécules instables sensibles à la lumière, au pH acide et à l'oxydation ;

– les cytokinines : elles peuvent être synthétisées dans toute la plante avec une forte synthèse dans les racines. Elles sont transportées par la sève brute dans le xylème et sous forme de nucléotides. Elles induisent la division cellulaire, souvent en synergie avec les auxines, mais aussi l'organogenèse de bourgeons, et sont antagonistes des auxines pour la levée de dormance des graines. Elles limitent la photodestruction de la chlorophylle, en particulier à partir de la transition florale ;

– les gibbérellines : elles sont synthétisées dans les zones en croissance active comme les apex de tiges et de racines et sont transportées, liées à des sucres, dans le xylème et le phloème. Elles induisent la croissance de la tige feuillée principalement par élongation cellulaire. Elles jouent un rôle important dans le contrôle de la floraison et contribuent à la levée de dormance des graines en antagonisme avec l'acide abscissique ;

– l'acide abscissique : il est synthétisé tout au long de la vie de la plante mais il s'accumule en grandes quantités au début de la sénescence, accompagnant le remplissage des fruits et des graines puis la chute des feuilles et des fruits. Il induit la fermeture des stomates et il prolonge la dormance des graines et des bourgeons, en antagonisme avec les gibbérellines ;

– l'éthylène : c'est un gaz synthétisé à partir de la méthionine. Il est antagoniste des gibbérellines et joue un rôle important dans la maturation des fruits, l'abscission et la sénescence. C'est une molécule de stress, de défense ou de communication.

D'autres phytohormones ont été découvertes plus récemment : ce sont les brassinoïdes (ou brassinostéroïdes), le jasmonate, l'acide salicylique, la systémine et les strigolactones. Elles sont impliquées dans la morphogenèse mais aussi dans les mécanismes de défense et dans la communication avec d'autres organismes vivants.

L'action des phytohormones dépend de la concentration de chacune d'entre elle à un endroit et à un moment précis mais elle dépend aussi des équilibres entre différentes phytohormones. Les mécanismes d'action des phytohormones sont complexes, avec des voies de signalisation en partie spécifiques et en partie communes, ce qui explique les nombreuses interactions entre les phytohormones. Elles ont des récepteurs situés sur les membranes, en particulier la membrane plasmique. L'interaction d'une phytohormone avec son récepteur induit une chaîne de transduction de signal, souvent complexe impliquant généralement des canaux calciques, des lipases, des kinases et des facteurs de transcription spécifiques qui vont moduler l'expression d'ensembles de gènes (**figure 24**). Les effets physiologiques constatés sont souvent le résultat de régulations complexes faisant intervenir plusieurs familles de phytohormones, mais aussi la lumière et la température.

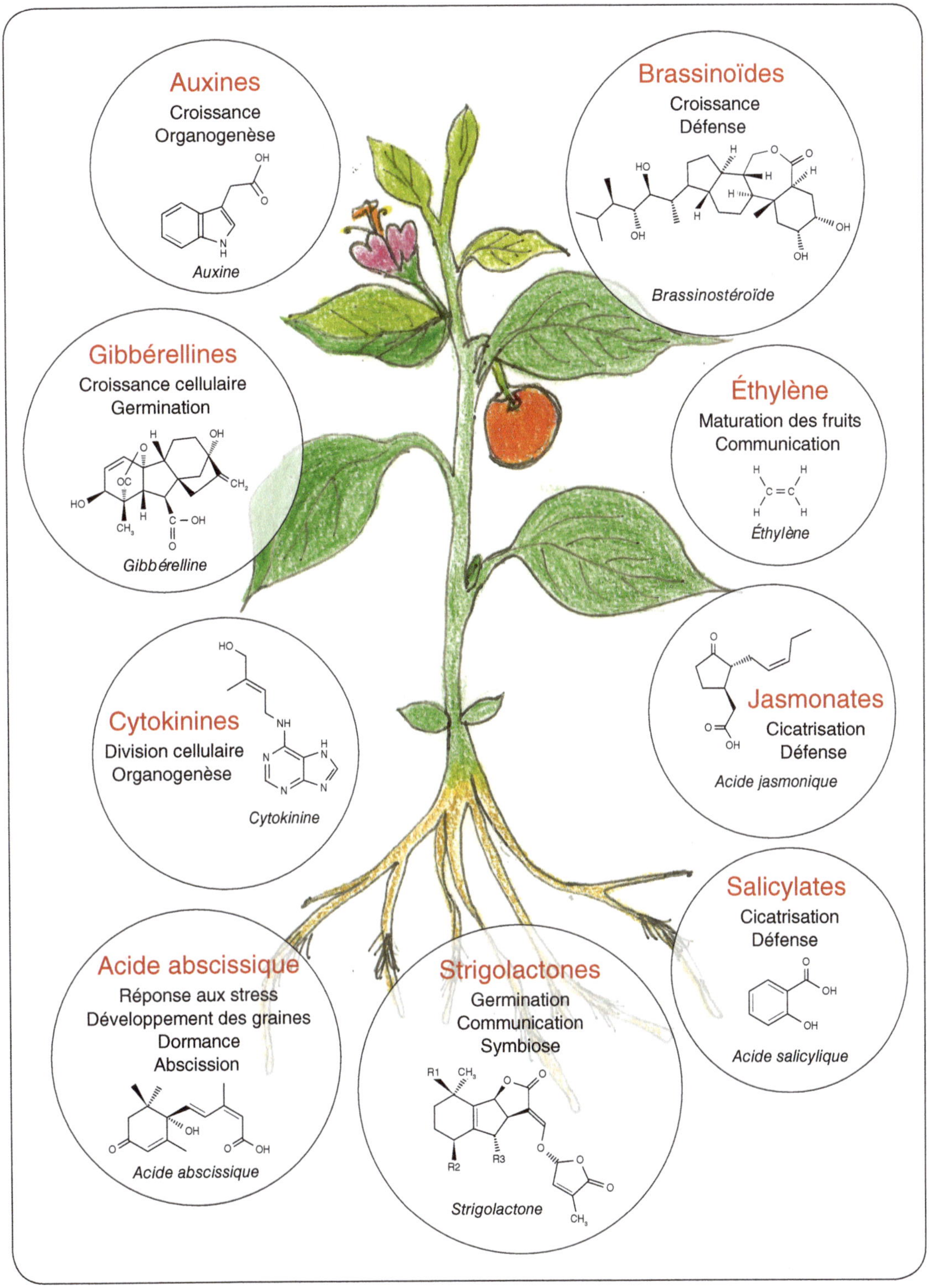

Figure 23. Principales familles de phytohormones impliquées dans le cycle de développement d'une plante.

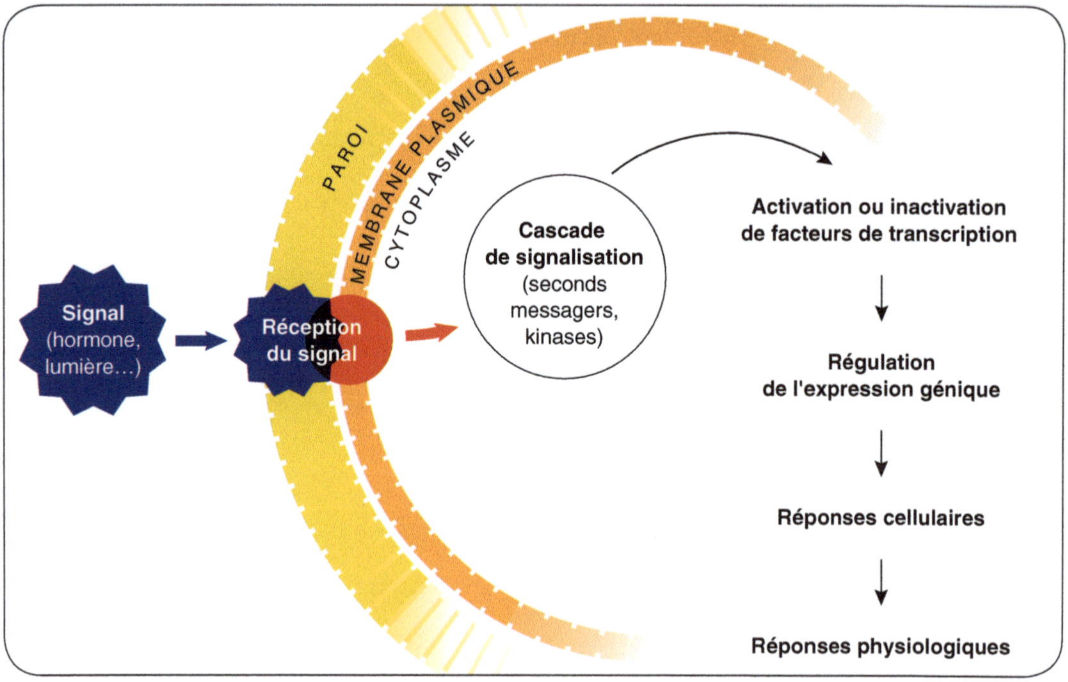

Figure 24. Schéma simplifié d'une chaîne de transduction de signaux comme les phytohormones et menant aux réponses physiologiques.

6.2. INTERACTIONS PHYTOHORMONES-LUMIÈRE-TEMPÉRATURE. NOTION DE RYTHMES CIRCADIEN ET SAISONNIER

Un rythme circadien est un rythme biologique d'une durée d'environ 24 heures, souvent appelé « horloge biologique interne » et dont l'étude est la chronobiologie. Le plus visible chez les plantes concerne les mouvements des tiges, des feuilles et des fleurs (ou pièces florales) réunis sous le terme de nyctinasties. Les nyctinasties permettent aux plantes de se protéger des conditions défavorables en se fermant soit la nuit (froid et humidité) soit le jour (sécheresse et trop de chaleur). Ces mouvements liés au rythme circadien ne doivent pas être confondus avec les tropismes liés à la direction de la lumière (héliotropisme ou phototropisme).

Les mécanismes sous-jacents ne sont pas encore tous connus mais ils impliquent l'alternance jour/nuit de manière complexe avec des rétroactions du début de jour sur des gènes exprimés le soir, et inversement. Chez les plantes, on a noté un effet important de la modulation du niveau de photosynthèse, aussi impliqué dans les rythmes saisonniers. On a également constaté que cela ne tient pas simplement à la perception de la lumière car des plantes et même des cellules végétales cultivées en conditions artificielles contrôlées conservent très longtemps une mémoire du cycle circadien, ce qui confirme le caractère endogène de ces rythmes. Ces mécanismes endogènes sont toutefois influencés plus ou moins fortement par des facteurs environnementaux et ils jouent un rôle important dans la capacité d'adaptation des végétaux aux modifications de leur environnement. Des photorécepteurs comme les phytochromes et les cryptochromes sont impliqués dans la perception de l'alternance jour/nuit.

L'influence des cycles saisonniers sur la croissance, le développement et la reproduction des plantes est le résultat de toutes les influences combinées des modifications de la lumière (intensité, qualité et alternance jour/nuit), de la température, de la disponibilité en eau et même de la gravité terrestre, chaque variation ayant une influence sur la régulation de l'expression de réseaux complexes de gènes.

Tableau II. Biosynthèse et effets les plus importants des principales phytohormones.

Phytohormones	Lieux de biosynthèse	Effets
Auxines	• Méristèmes primaires (bourgeons) • Méristèmes secondaires (cambiums) • Grains de pollen • Ovaires	• Organogenèse des racines et des cotylédons • Dominance apicale • Développement vasculaire • Régulation de la phyllotaxie et de la forme des feuilles • Phototropisme • Initiation florale, régulation de la forme et de la taille des organes floraux • Formation des fruits et embryogenèse • Interactions avec les pathogènes
Cytokinines	• Apex racinaire • Jeunes fruits	• Division cellulaire et fonctionnement des méristèmes • Organogenèse de bourgeons • Retard de sénescence • Antagoniste des auxines sur la dominance apicale • Développement vasculaire • Interactions avec les pathogènes
Gibbérellines	• Extrémités des tiges et des racines • Jeunes fruits • Embryons	• Croissance cellulaire • Élongation des entre-nœuds • Vernalisation et floraison • Croissance des fruits • Levée de dormance
Acide abscissique	Feuilles et fruits	• Chute des feuilles et des fruits • Contrôle de l'ouverture et la fermeture des stomates • Inhibition de la dormance
Éthylène	Un peu partout mais principalement dans les fruits	• Maturation des fruits • Accélération de la sénescence • Communication avec d'autres plantes • Implication dans la plupart des réponses aux stress

À RETENIR

- Les phytohormones (régulateurs de croissance) sont les principaux signaux endogènes régulant le développement des végétaux.
- Une phytohormone est une substance synthétisée dans divers organes végétaux, transportée, par l'intermédiaire des sèves, dans tout ou partie d'une plante et agissant à faible dose sur un plusieurs mécanismes modulant le développement: division, croissance et différenciation cellulaire.
- Il existe cinq grands groupes de phytohormones: les auxines, les cytokinines, les gibbérellines, l'acide abscissique et l'éthylène, qui est aussi une molécule de communication. Les brassinostéroïdes, les jasmonates, la systémine et l'acide salicylique jouent également un rôle important dans la morphogenèse et dans la communication avec d'autres organismes vivants.
- Les sites d'action et les multiples effets physiologiques des phytohormones varient en fonction de leurs concentrations relatives, par des mécanismes d'antagonisme ou de synergie, mais aussi en relation étroite avec des stimuli extérieurs comme la lumière, la température, la disponibilité en eau et en nutriments. La réception d'une phytohormone (généralement au niveau de la membrane plasmique) induit une cascade de transduction de signaux régulant de façon souvent très complexe l'expression de réseaux de gènes.

7. Nutrition des végétaux

Grâce à la photosynthèse, l'air (dioxyde de carbone, vapeur d'eau et lumière) représente une ressource nutritive de premier plan (*voir 5.1*). Pour compléter leur nutrition, les végétaux exploitent aussi les ressources, soit du milieu aquatique (algues et plantes aquatiques), soit du sol (végétaux terrestres). La **figure 25** récapitule les modes de nutrition des végétaux terrestres.

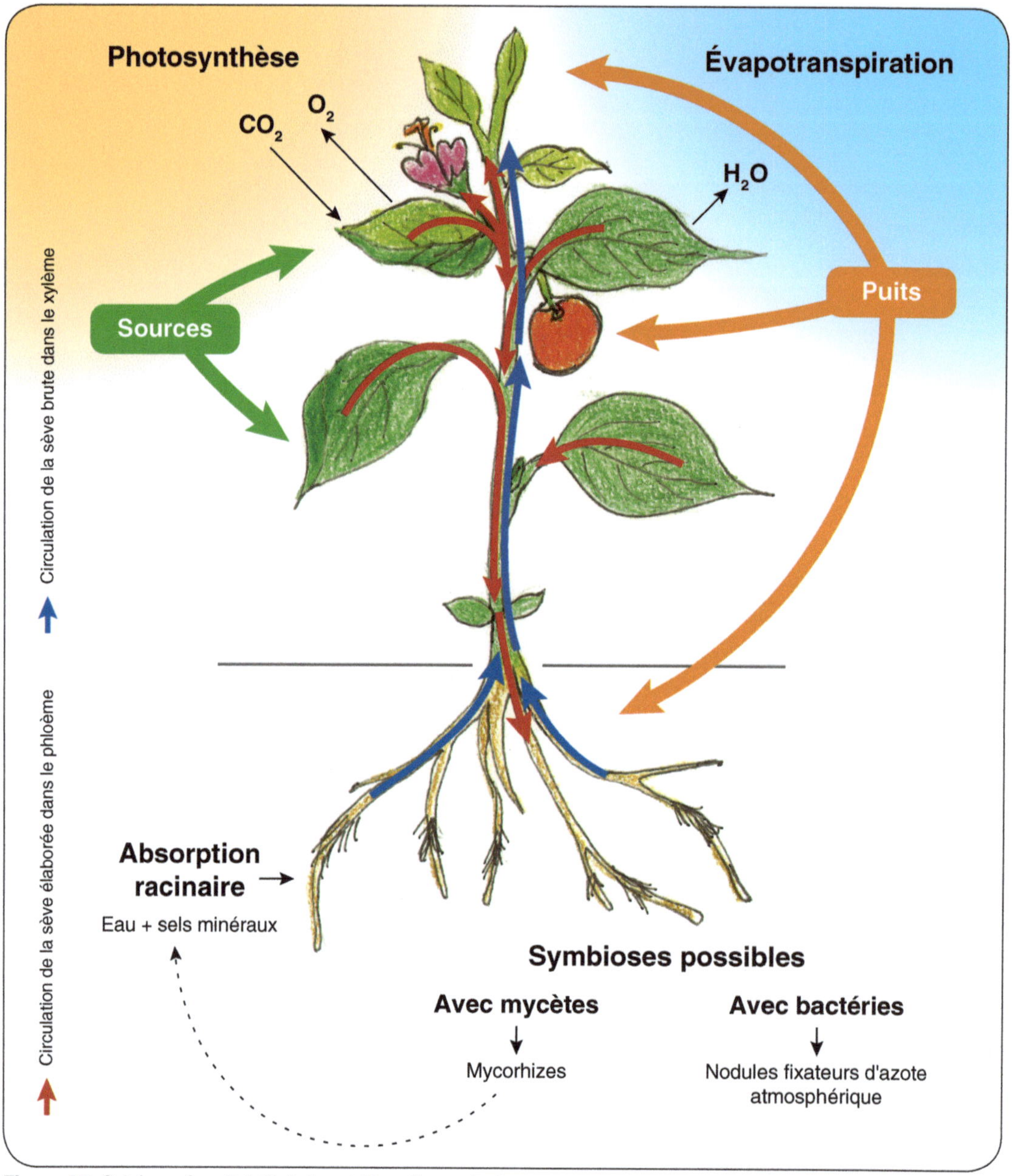

Figure 25. Schéma récapitulatif de la nutrition d'une plante.
La formation de mycorhizes augmente l'absorption racinaire.

7.1. EXPLOITATION DES RESSOURCES DU SOL

Le sol est la fine couche superficielle de la croûte terrestre sans cesse modifiée par les éléments atmosphériques et par les organismes vivants. On parle aussi d'interface entre la lithosphère, l'atmosphère et la biosphère. Pendant la formation d'un sol (pédogenèse), l'érosion de la lithosphère fournit les éléments minéraux et la biosphère fournit les éléments organiques. Un sol est composé de différentes couches, de couleurs et compositions diverses, appelées horizons. La couche la plus superficielle est l'humus résultant de la décomposition des déchets végétaux. L'humus est très riche en matières organiques sous forme de petites particules, les colloïdes, liées à des minéraux et à des ions pour former le complexe argilo-humique. Les couches suivantes sont de moins en moins riches en matières organiques.

Pour les végétaux, le sol remplit plusieurs fonctions : ancrage, réserves d'eau et de sels minéraux, interface avec des organismes vivants (microorganismes, faune du sol) et milieu d'excrétion. C'est le système racinaire qui permet d'optimiser ces différentes fonctions, l'ensemble constitué des racines et du volume de sol qu'elles explorent est appelé la rhizosphère.

La morphologie et la taille du système racinaire dépendent de l'espèce, mais pour la plupart des Gymnospermes et des Angiospermes, le volume du système racinaire est au moins équivalent au volume des parties aériennes. Suivant leur morphologie, les racines explorent le sol plus ou moins horizontalement ou verticalement, en s'adaptant à sa structure et à sa composition.

Différentes phases cohabitent dans un sol :

– phase solide : cailloux, graviers, sable, limon, argile, débris animaux et végétaux ;

– phase liquide ou solution du sol : milieu aqueux où sont dilués les éléments provenant de l'altération de la phase solide minérale et organique. Les différentes particules du sol retiennent l'eau par capillarité et sous forme liée aux ions. C'est cette phase liquide qui est directement explorée par les racines. Les colloïdes permettent la concentration des ions, optimisant ainsi leur absorption par les racines ;

– phase gazeuse : en communication avec l'atmosphère, elle contient en concentrations variables selon la nature et la texture du sol, de l'O_2 indispensable à la respiration des racines. L'azote gazeux, transformable par des microorganismes, joue un rôle important dans la nutrition azotée des végétaux. La phase gazeuse contient aussi du CO_2 et d'autres gaz, comme l'éthylène et le méthane rejetés par les microorganismes et la faune du sol ;

– phase biologique : ce sont tous les microorganismes (microflore) et animaux (microfaune) qui vivent dans le sol, où ils se nourrissent en décomposant la matière organique (décomposeurs). Les végétaux excrètent dans le sol de nombreux exsudats racinaires (allélopathie) : il s'agit principalement de glucides, d'acides aminés et d'acides organiques. Ces exsudats modifient le sol et influent sur les autres organismes vivants. Ils interviennent en particulier comme messages chimiques pour attirer des partenaires de symbioses, comme les rhizobactéries pour les symbioses fixatrices d'azote, et les champignons pour les mycorhizes.

7.1.1. Nutrition minérale : eau, macro- et micro-éléments essentiels

La nutrition minérale d'un végétal (**figure 25**) est fortement influencée par les propriétés du sol : texture, structure, pH, teneur en eau.

Une partie seulement de l'eau présente dans le sol est disponible pour le végétal l'autre partie est retenue en surface des particules (adsorption). C'est le potentiel hydrique qui exprime la capacité d'un sol à céder l'eau qu'il contient. Il faut que le potentiel hydrique du sol soit supérieur à celui de la racine pour que l'eau puisse passer du sol à la racine. L'absorption de l'eau et des nutriments nécessite des mouvements d'eau du sol à la surface des racines, puis dans les tissus racinaires, pour atteindre les tissus conducteurs, principalement le xylème où ils circuleront sous forme de sève brute. Ces mouvements sont particulièrement importants au niveau des poils absorbants. L'absorption de l'eau et des sels minéraux se fait par trois voies (**figure 26**) :

– apoplastique, passant uniquement par les parois cellulaires ;

– symplastique, passant par les cytoplasmes des cellules contiguës mis en continuité par les plasmodesmes ;

– transcellulaire, en particulier empruntée par l'eau traversant les membranes.

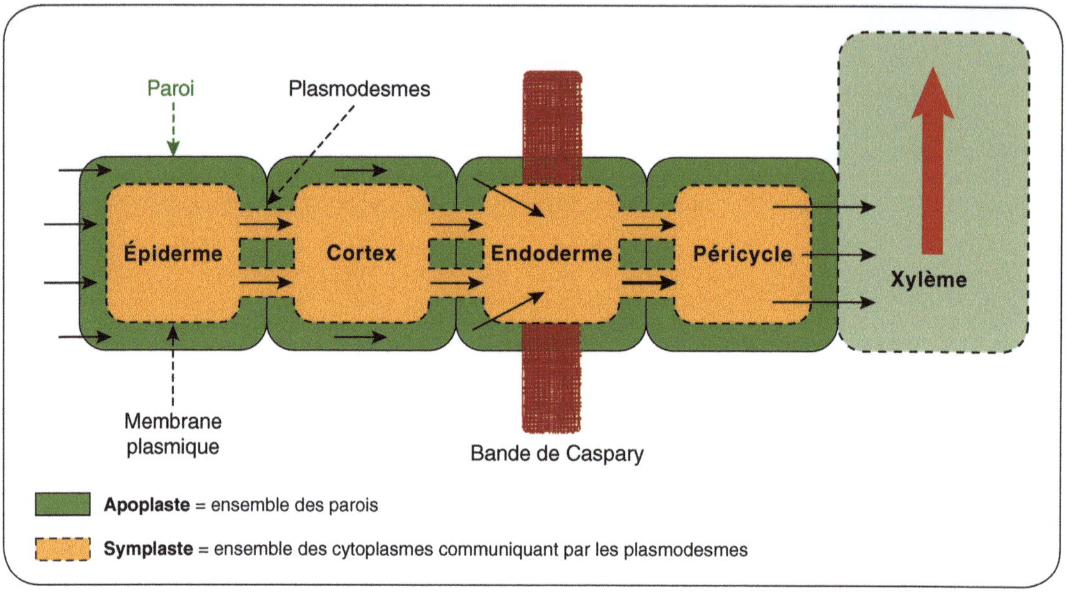

Figure 26. Voies suivies pour l'absorption de l'eau et des sels minéraux dans les différents tissus de la racine.

Le passage des ions dans le xylème est un mécanisme actif nécessitant de l'énergie fournie par l'ATP. D'une façon générale, les mouvements de l'eau et des sels minéraux dans les tissus racinaires impliquent divers mécanismes de transport qui en optimisent le prélèvement et le stockage. La sève brute est ensuite distribuée dans tout le végétal pour répondre à ses besoins nutritifs.

Les principaux anions absorbés par les racines sont les nitrates (pour la synthèse d'acides aminés et de nucléotides), les phosphates (synthèse d'ATP, de nucléotides et de phospholipides) et les sulfates (acides aminés soufrés, sulfolipides et coenzymes).

Les cations les plus importants sont le potassium K^+, le magnésium Mg^{2+}, le calcium Ca^{2+}, le cuivre Cu^{2+}, le fer Fe^{3+}, le manganèse Mn^{2+}, le zinc Zn^{2+}. On distingue les macroéléments nécessaires en grande quantité (**tableau III**) et les microéléments ou oligoéléments (**tableau IV**), indispensables mais en petites quantités.

Tableau III. Principaux macroéléments indispensables aux végétaux.

Éléments	Symbole chimique	Forme disponible pour les plantes	Poids sec mg/kg	Fonctions
Hydrogène	H	H_2O (air et eau)	60000	Photosynthèse, circulation des sèves, croissance
Carbone	C	CO_2	450000	Photosynthèse (sucres)
Oxygène	O	O_2, H_2O, CO_2	450000	Respiration, production d'énergie
Azote	N	NO_3^-, NH_4^+	15000	Synthèse d'acides aminés, de nucléotides et de pigments
Potassium	K	K^+	10000	Équilibre ionique et osmotique, ouverture et fermeture des stomates, activation d'enzymes
Calcium	Ca	Ca^{2+}	5000	Perméabilité membranaire, paroi, cofacteur d'enzymes
Magnésium	Mg	Mg^{2+}	2000	Composant des chlorophylles, activateur d'enzymes
Phosphore	P	$H_2PO_4^-$	2000	Énergie (ADF, ATP), acides nucléiques, phospholipides
Soufre	S	SO_4^{2-}	1000	Acides aminés soufrés, co-enzyme A

Certaines espèces végétales sont capables de développer des symbioses entre leurs racines et des mycètes du sol. Ces symbioses appelées mycorhizes augmentent considérablement l'absorption d'éléments minéraux, en particulier l'eau et le phosphore, et jouent donc un rôle important en agroécologie.

La plupart des biomolécules constituant un organisme vivant et permettant sa vie et sa reproduction sont constituées de carbone, d'hydrogène, d'oxygène et d'azote, mais l'azote, bien que représentant 78 % de l'air, ne peut être directement utilisé par les plantes car elles ne peuvent l'assimiler que sous forme minérale, principalement d'ions nitrate (NO_3^-). Seules des bactéries et des algues peuvent l'utiliser directement.

Tableau IV. Principaux microéléments (oligoéléments) indispensables aux végétaux.

Éléments	Symbole chimique	Forme disponible pour les plantes	Poids sec mg/kg	Fonctions
Chlore	Cl	Cl^-	100	Équilibre ionique et osmotique, photosynthèse
Fer	Fe	Fe^{2+}, Fe^{3+}	100	Synthèse de chlorophylles, cytochromes et nitrogénase
Bore	B	H_3BO_3	20	Synthèse d'acides nucléiques, intégrité des membranes
Manganèse	Mn	Mn^{2+}	50	Activateur d'enzymes, intégrité des membranes chloroplastiques
Zinc	Zn	Zn^{2+}	20	Activateur ou composant d'enzymes
Cuivre	Cu	Cu^{2+}, Cu^+	6	Activateur ou composant d'enzymes d'oxydoréduction
Nickel	Ni	Ni^{2+}	traces	Composant d'enzymes
Molybdène	Mo	MoO_4^{2-}	0,1	Fixation de l'azote et réduction des nitrates

7.1.2. Nutrition azotée

Les végétaux ont besoin d'assimiler de l'azote (**figure 27**) en grandes quantités pour réaliser la synthèse d'acides aminés, puis de protéines et d'acides nucléiques. Globalement, la fixation de l'azote consiste à réduire l'azote gazeux N_2 en ammonium NH_4^+ par une nitrogénase, en présence d'ATP (énergie chimique) et d'un agent réducteur, mais c'est une propriété réservée aux procaryotes. Les végétaux ne peuvent assimiler l'azote que sous forme NH_4^+ ou NO_3^-. L'azote assimilé par les plantes provient principalement des nitrates (NO_3^-) absorbés par les racines. Ceux-ci sont naturellement produits par des bactéries nitrifiantes présentes dans le sol et capables de fixer l'azote gazeux. Ils sont importés dans les cellules des plantes par différents transporteurs fonctionnant grâce au gradient de protons, et stockés dans les vacuoles. Puis ils sont réduits dans le cytoplasme en nitrites (NO_2^-) par des nitrates réductases (NR) puis, dans les chloroplastes, par des nitrites réductases (NiR), en ammonium (NH_4^+), qui est rapidement incorporé dans les molécules organiques car il est toxique pour la cellule. La première étape de cette incorporation est la synthèse d'amides transportés par le phloème et transformés directement (ou en passant par le glutamate) en glutamine, acide aminé possédant deux groupements amines. Les autres acides aminés sont ensuite synthétisés par transamination.

Certaines espèces végétales peuvent établir des symbioses entre leurs racines et des bactéries du sol, les rhizobactéries (*Rhizobium*), capables de métaboliser l'azote gazeux N_2 du sol en nitrates assimilables par la plante. Cette symbiose se présente sous la forme de nodules fixateurs d'azote qui vont grandement améliorer la nutrition azotée de ces espèces, principalement des légumineuses (Fabacées). On estime que la quantité d'azote fixée par les symbioses des Légumineuses est égale à celle apportée par les engrais chimiques pour les autres espèces cultivées, d'où leur rôle primordial en agroécologie.

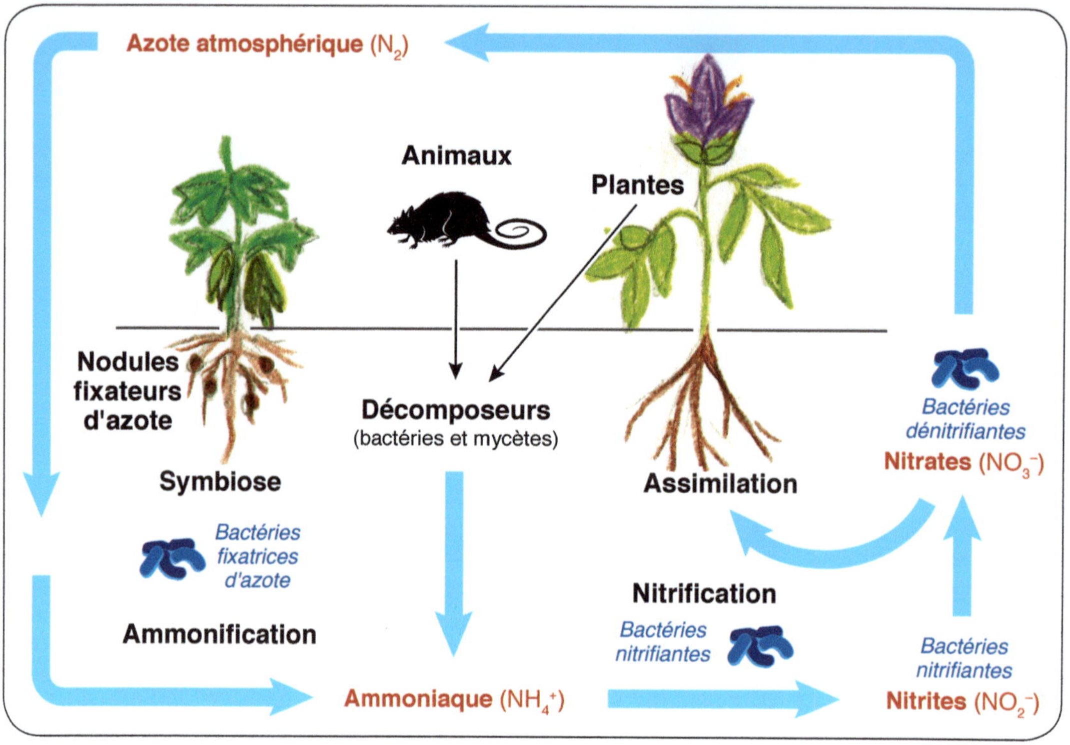

Figure 27. Modes d'assimilation de l'azote par les plantes.

7.2. LIENS ENTRE PHOTOSYNTHÈSE, ÉVAPOTRANSPIRATION ET ABSORPTION RACINAIRE

L'eau et les éléments nutritifs absorbés au niveau des racines sont indispensables à l'ensemble du végétal et doivent donc être transportés partout en grandes quantités, et parfois à grande hauteur. L'absorption racinaire de l'eau et des sels minéraux dépend de leur concentration dans le sol et du pH du sol mais l'évapotranspiration détermine aussi la capacité d'absorption. Le courant ascendant de sève brute est unidirectionnel, des racines aux feuilles, qui restituent par évapotranspiration environ 95 % de l'eau absorbée (un grand arbre peut ainsi relâcher jusqu'à 400 l d'eau par jour). On peut comparer les vaisseaux du xylème à des tuyaux où la sève brute, composée de 99 % d'eau et de 1 % d'autres éléments (sels minéraux, phytohormones, gaz dissous...), circule vite, entre 1 m et 60 $m.h^{-1}$ selon les espèces. La transpiration (passage de l'eau de l'état liquide à l'état gazeux) consomme des calories et a pour résultat de refroidir l'intérieur des tissus foliaires. Environ 95 % de la vapeur d'eau relâchée passe par les stomates, le reste par les cuticules. Les échanges sont directement liés à la photosynthèse et, chez la plupart des espèces, la nuit, ils ralentissent car les stomates sont fermés. De plus, une feuille ne peut absorber du CO_2 sans transpirer. La transpiration induit donc une importante demande en eau qui entraîne directement et indirectement une augmentation de l'absorption racinaire.

Il existe plusieurs forces qui se combinent pour assurer la montée de la sève brute au-delà des 20 cm maximum dus à la capillarité. Les deux mécanismes principaux qui se conjuguent pour faire monter la sève brute parfois sur plus de 100 m de hauteur sont la pression négative (ou tension) qui tire la sève vers le haut et la pression positive qui pousse la sève à partir du bas. La première est due au mécanisme de cohésion des molécules d'eau tout au long du parcours, en lien avec le gradient de potentiel hydrique entre racines et feuilles. La seconde s'explique par l'existence d'une pression dans le xylème, appelée poussée racinaire, due à l'augmentation de la pression osmotique de la sève qui se charge des produits de la photosynthèse, d'où une augmentation de l'appel d'eau. La poussée racinaire est moins importante que la pression négative.

La vitesse de circulation de la sève brute dépend principalement de l'intensité de la transpiration régulée par l'ouverture des stomates et par la différence d'humidité entre l'intérieur et l'extérieur de la feuille.

Les sucres synthétisés par photosynthèse sont les principaux constituants de la sève élaborée qui circule dans le phloème. Cette circulation de sève est multidirectionnelle et indépendante de la gravité. Elle s'effectue globalement des tissus et organes appelés sources (feuilles, tiges et fruits verts), vers des tissus et organes appelés puits (racines, méristèmes, rhizomes, tubercules, fruits et graines). La sève élaborée circule de manière passive dans le phloème selon un gradient de pression lié aux phénomènes osmotiques créés par les différences de concentration en sucres des divers sites. Ces mouvements de chargement et déchargement des assimilats sont le moteur de la circulation de la sève élaborée. Ils font aussi intervenir les phytohormones. La distribution multidirectionnelle de la sève élaborée est d'intensité différente selon les territoires du végétal en fonction de leur force de puits ou de source : par exemple, un bourgeon apical est un puits beaucoup plus fort que les bourgeons axillaires sous-jacents et va donc drainer de grandes quantités de sève élaborée, ce qui rend sa croissance plus rapide. Globalement, la circulation de la sève est fonction de l'allocation (métabolisation, mise en réserve, export des assimilats) et de la partition (répartition des assimilats dépendant de la compétition entre les différents puits).

7.3. CAS PARTICULIERS : PLANTES CARNIVORES ET PLANTES PARASITES

La plupart des végétaux sont autotrophes grâce à la photosynthèse, mais certaines espèces sont incapables de se nourrir seules et vont vivre en hétérotrophes parasites. D'autres, comme les plantes carnivores, ont développé des mécanismes complémentaires pour digérer des ressources nutritives animales.

Une plante parasite vit aux dépens de son hôte, plante autotrophe. Il existe plusieurs niveaux de parasitisme : l'hémiparasitisme (88 % des plantes parasites) et l'holoparasitisme (12 %). Dans l'hémiparasitisme, le végétal parasite est chlorophyllien, donc capable de fabriquer ses éléments organiques par photosynthèse, mais il va chercher chez son hôte de l'eau et des éléments nutritifs. C'est le cas de la striga et du gui. Par contre, les végétaux holoparasites ont perdu, au cours de l'évolution, leur capacité à réaliser la photosynthèse : ils sont hétérotrophes et donc totalement dépendants de leurs hôtes. C'est le cas de l'orobanche et de la cuscute.

La spécificité d'hôte est variable mais toutes les plantes parasites développent des structures leur permettant de puiser chez leurs hôtes les éléments nutritifs nécessaires à leur développement. Ce sont soit des structures de prélèvement de la sève brute, soit des structures de détournement de la sève élaborée. Ces interfaces sont parfois complexes mais efficaces, généralement sous forme de suçoirs, pouvant aller jusqu'à l'interconnexion des systèmes conducteurs permettant le transfert direct de sève entre l'hôte et le parasite. Les transferts se font au détriment de l'hôte, qui périclite et éventuellement meurt. Certains végétaux parasites causent des dégâts considérables aux cultures, comme les strigas dans les cultures de sorgho en Afrique.

Les plantes carnivores sont généralement autotrophes pour le carbone mais hétérotrophes pour le phosphore et l'azote. Elles ont développé, au cours de l'évolution, des structures pièges afin de capturer des proies animales mais aussi des enzymes leur permettant de digérer ces proies pour en utiliser l'azote, nécessaire à leurs synthèses d'acides aminés et de nucléotides.

Il existe au moins 500 espèces de plantes carnivores poussant dans des sols pauvres. Les pièges sont souvent formés de feuilles modifiées, par la mise en place de poils sécrétant un mucus collant (*Drosera*) ou d'urnes dans lesquelles les proies se noient comme chez *Nepenthes*. Contrairement à ces pièges passifs, certaines espèces comme les Dionées développent des pièges actifs en forme de feuilles à charnières qui se referment sur la proie.

Dans tous les cas, les proies capturées sont ensuite digérées par des enzymes sécrétées par des cellules glandulaires aussi impliquées dans l'absorption des produits de la digestion.

7.4. SÉNESCENCE ET REMOBILISATION DES RESSOURCES : REMPLISSAGE DES FRUITS ET DES GRAINES

Une grande partie de l'azote assimilé dans les feuilles se trouve dans les photosystèmes et dans la rubisco, enzyme clé permettant la fixation du carbone lors de la photosynthèse. Certaines espèces stockent aussi transitoirement l'azote sous forme de protéines spécifiques appelées VSP (Vegetative Storage Protein). À partir d'une étape du développement, caractéristique d'une espèce donnée, les diverses parties d'une plante et en particulier les feuilles, entrent dans une phase de vieillissement appelée sénescence (**figure 28**), processus physiologique actif et nécessaire au recyclage des ressources nutritionnelles. Les nutriments (lipides, protéines, glucides principalement) sont remobilisés des parties en sénescence vers les organes encore fonctionnels (fleurs, fruits et graines).

La sénescence entraîne une dégradation plus ou moins rapide des fonctions d'un organe ou d'un organisme allant jusqu'à la mort. Chez les végétaux annuels, la mort intervient en général rapidement après la fructification. Chaque espèce a une longévité qui lui est propre, codée par son patrimoine génétique et influencée par des facteurs environnementaux. La sénescence d'un végétal implique des processus de mort cellulaire programmée caractérisés par une désorganisation des structures cellulaires. Le démantèlement cellulaire se fait selon un ordre très précis, les chloroplastes étant les premiers touchés, les noyaux et les mitochondries, les derniers. La sénescence est aussi contrôlée par des phytohormones comme l'acide abscissique et l'éthylène, qui la stimulent, en opposition avec les cytokinines, qui la ralentissent. Chez la plupart des végétaux, la sénescence peut ne toucher qu'une partie de l'organisme, par exemple les feuilles chez les végétaux pérennes, et les fruits qui jaunissent et chutent à l'automne. La sénescence foliaire est essentielle à la gestion nutritionnelle (recyclage et redistribution des ressources) et à l'adaptation des plantes à leur environnement (maintien pendant la saison défavorable et passage à la génération suivante).

Les feuilles, très actives en photosynthèse pendant une période donnée de leur vie, sont les principaux organes sources jusqu'à ce que leur activité photosynthétique diminue, ce qui les transforme en organes puits : c'est le signal de l'entrée en sénescence. Les nutriments contenus dans les feuilles entrées en sénescence (en particulier les composés azotés) sont recyclés dans les organes puits, principalement les fruits et les graines, ou entreposés dans les rhizomes et les bulbes comme réserves pour la prochaine saison de croissance.

De nombreux gènes, appelés gènes SAG (Senescence Associated Genes), sont impliqués dans le processus de sénescence. Parmi eux, des gènes codant des protéines à activités cataboliques, qui permettent la remobilisation des ressources nutritives (protéases, nucléases). Un déficit hydrique accélère certains événements associés à la sénescence.

Le recyclage de l'azote s'intensifie au fur et à mesure de la sénescence foliaire : c'est une étape essentielle permettant la remobilisation de l'azote vers des territoires en croissance : par exemple, plus de la moitié de l'azote des grains de blé ou de maïs provient de la remobilisation foliaire, alors que le colza perd très tôt des feuilles encore très riches en azote, ce qui revient à une perte importante étant donné que l'azote organique ainsi restitué au sol est peu utilisable (il doit d'abord être minéralisé). La remobilisation de l'azote foliaire est une étape importante du remplissage des graines. La connaissance de ces mécanismes est donc primordiale pour l'amélioration des produits de l'agriculture et pour la préservation des sols.

Les diverses substances mises en réserve dans les fruits puis dans les graines sont synthétisées à partir des molécules remobilisées. Les proportions glucides/protéines/lipides dépendent de l'espèce et des conditions de vie de la plante. Par exemple, les graines de céréales sont très riches en glucides et protéines, les graines de protéagineux très riches en protéines et les graines d'oléoprotéagineux très riches en lipides et protéines.

Les réserves ainsi constituées dans les graines seront utilisées pour l'embryogenèse puis pour la croissance de l'embryon au tout début de la germination, bouclant ainsi le cycle de vie des Spermatophytes (Gymnospermes et Angiospermes).

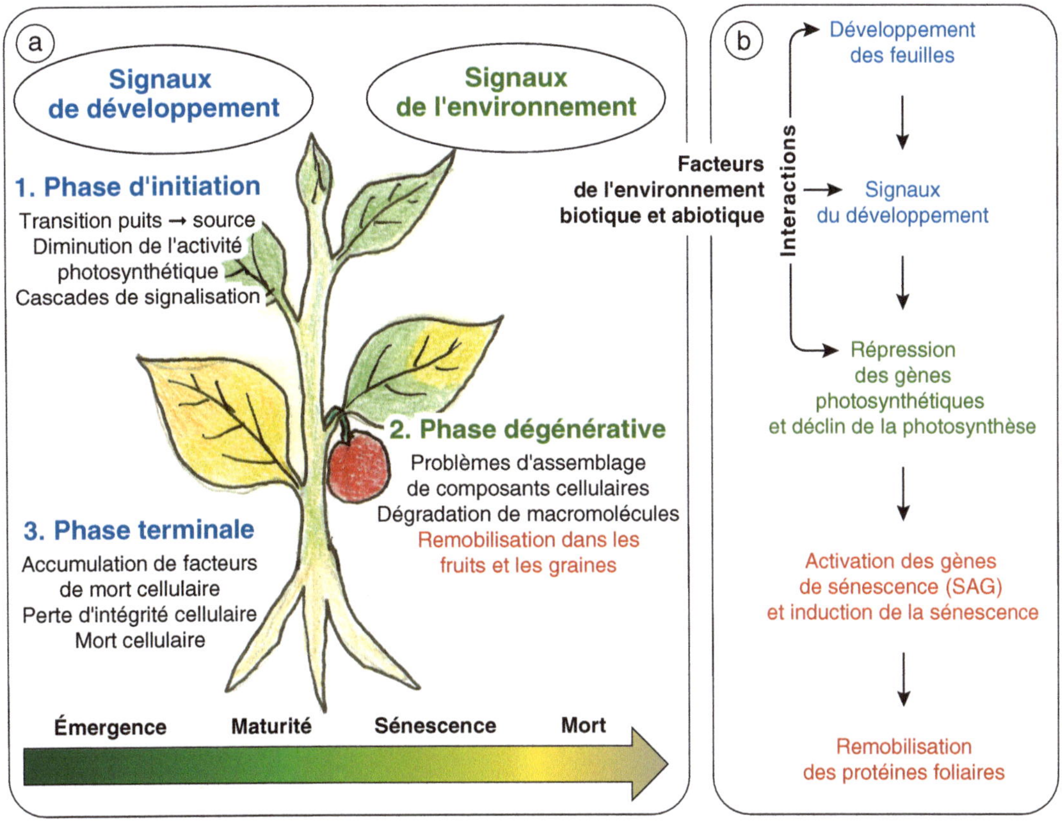

Figure 28. a) Différentes phases du processus de sénescence associé à la remobilisation des ressources dans les fruits et les graines. b) Principaux gènes impliqués dans l'induction de la sénescence.

À RETENIR

- Les végétaux prélèvent les nutriments dont ils ont besoin dans leur milieu de vie. Les éléments prélevés en grandes quantités (macroéléments) sont l'eau, les nitrates, les phosphates, les sels de potassium. Ceux prélevés en petites quantités (oligoéléments) sont, par exemple, le magnésium, le fer, le manganèse, le nickel, le cobalt.
- Le principal moteur de l'absorption racinaire des plantes terrestres est l'évapotranspiration au niveau des feuilles, en lien avec la photosynthèse.

Des symbioses entre les racines et des bactéries du sol (nodules fixateurs d'azote) facilitent l'absorption de l'azote chez des espèces comme les légumineuses. D'autres symbioses entre des mycètes du sol et les racines de la plupart des plantes (mycorhizes) facilitent l'absorption de l'eau et des sels minéraux.

- La circulation de l'eau et des sels minéraux se fait de bas en haut par la sève brute dans le xylème, et celle des produits de la photosynthèse se fait par la sève élaborée, de haut en bas et latéralement, dans le phloème. La répartition des nutriments dans la plante est fonction des équilibres sources/puits des différents organes de la plante.
- La sénescence entraîne une remobilisation intense des ressources nutritives, des organes sources (feuilles) aux organes puits (fruits et graines), qui stockent des réserves pour assurer le développement de l'embryon.

QUIZ

1. Les cyanobactéries sont des eucaryotes.

Vrai ☐ Faux ☐

2. Un champignon appartient au règne végétal.

Vrai ☐ Faux ☐

3. Cette plante est un :

	If	Cèdre	Tournesol	Maïs
Gymnosperme	☐	☐	☐	☐
Angiosperme	☐	☐	☐	☐

4. Toute cellule eucaryote possède une paroi.

Vrai ☐ Faux ☐

5. Qu'est-ce qu'un bulbe ?

Une tige ☐ Une racine ☐

6. Ce tissu est un méristème.

	Vrai	Faux
Apex caulinaire	☐	☐
Cambium	☐	☐
Parenchyme	☐	☐

7. Cet organe est :

	Tige	Rhizome	Racine	Fruit	Fleur	Feuille
Végétatif	☐	☐	☐	☐	☐	☐
Reproducteur	☐	☐	☐	☐	☐	☐

8. Un végétal est généralement : Autotrophe ☐ Hétérotrophe ☐

9. Les plantes n'utilisent la lumière que pour la photosynthèse.

Vrai ☐ Faux ☐

10. Toutes les phytohormones régulent la croissance des plantes.

Vrai ☐ Faux ☐

11. L'eau et les sels minéraux absorbés par les racines circulent dans le phloème.

Vrai ☐ Faux ☐

12. L'apoplasme est impliqué dans la circulation de l'eau dans la racine.

Vrai ☐ Faux ☐

13. Pour les plantes, ces ions sont des :

	Nitrates	Potassium	Manganèse	Fer	Phosphates	Nickel
Macroéléments	☐	☐	☐	☐	☐	☐
Microéléments	☐	☐	☐	☐	☐	☐

14. La sénescence est une phase indispensable au remplissage des graines.

Vrai ☐ Faux ☐

15. Une fleur possède toujours des étamines et un pistil.

Vrai ☐ Faux ☐

16. Est-ce un fruit ?

	Une gousse	Un bulbe
Oui	☐	☐
Non	☐	☐

17. Les gamètes sont générés par : Mitose ☐ Méiose ☐

18. Un grain de pollen possède deux noyaux.

Vrai ☐ Faux ☐

19. Cette cellule ou tissu est :

	Haploïde	Diploïde	Triploïde
Grain de pollen	☐	☐	☐
Oosphère	☐	☐	☐

	Haploïde	Diploïde	Triploïde
Albumen	☐	☐	☐
Mésophylle	☐	☐	☐

20. Pour qu'une graine germe, il faut seulement de l'eau et une température favorable.

Vrai ☐ Faux ☐

CORRIGÉ DU QUIZ

1. Les cyanobactéries ne sont pas des eucaryotes, mais des procaryotes.
2. Un champignon n'appartient pas au règne végétal, mais au règne des mycètes.
3. L'if est un gymnosperme.
   Le tournesol est un angiosperme.
   Le maïs est un angiosperme.
   Le cèdre est un gymnosperme.
4. Parmi les eucaryotes, les cellules animales ne possèdent pas de parois, les cellules végétales possèdent des parois pectocellulosiques et les cellules des mycètes possèdent des parois à base de chitines et de glucanes.
5. Un tubercule est une tige dont les entre-noeuds ne s'allongent pas et dont les feuilles se gonflent de réserves.
6. L'apex caulinaire est un méristème.
   Le cambium est un méristème.
   Le parenchyme n'est pas un méristème.
7. Une tige est un organe végétatif.
   Une racine est un organe végétatif.
   Une fleur est un organe reproducteur.
   Un rhizome est un organe végétatif.
   Un fruit est un organe reproducteur.
   Une feuille est un organe végétatif.
8. Un végétal est généralement autotrophe.
9. Les plantes n'utilisent pas la lumière uniquement pour la photosynthèse mais aussi pour réguler leur croissance et leur développement.
10. Toutes les phytohormones ne régulent pas la croissance des plantes. Certaines régulent l'organogenèse et/ou les relations avec l'environnement.
11. L'eau et les sels minéraux absorbés par les racines circulent dans le xylème.
12. L'apoplasme est impliqué dans la circulation de l'eau dans la racine.
13. Pour les plantes, les ions nitrates sont des macroéléments.
    Pour les plantes, le manganèse est un microélément.
    Pour les plantes, les phosphates sont des macroéléments.
    Pour les plantes, le potassium est un macroélément.
    Pour les plantes, le fer est un microélément.
    Pour les plantes, le nickel est un microélément.
14. La sénescence est une phase indispensable au remplissage des graines.
15. Une fleur ne possède pas toujours des étamines et un pistil. Chez certaines espèces, il existe des fleurs mâles (étamines) et des fleurs femelles (pistil).
16. Une gousse est un fruit.
    Un bulbe n'est pas un fruit.
17. Les gamètes sont générés par méiose.
18. Un grain de pollen possède deux noyaux.
19. Un grain de pollen est haploïde.
    L'albumen est triploïde.
    Une oosphère est haploïde.
    Le mésophylle est diploïde.
20. Pour qu'une graine germe, il ne faut pas seulement de l'eau et une température favorable. Il faut aussi que la dormance soit levée et, selon les espèces, qu'il y ait ou non de la lumière.

BIBLIOGRAPHIE ET SITES RECOMMANDÉS

V. Chassigny, M. Potage, M. Ricou, 2012. *Minimanuel de biologie végétale*, Dunod, 226 p.

Collectif, *Dossier Pour la Science* n° 77, « Les végétaux insolites », octobre-décembre 2012, 120 p.

J. Farineau. J.-F. Morot-Gaudry, 2011. *La photosynthèse*, éditions Quæ, coll. Synthèses, 412 p.

R. Gorenflot, B. de Foucault, 2005. *Biologie végétale. Les Cormophytes*, Dunod, coll. Sciences Sup, 616 p.

G. Lecointre, H. Le Guyader, 2006 (3e édition). *Classification phylogénétique du vivant*, Belin, 559 p.

S. Meyer, C. Reeb, R. Bosdeveix, 2008 (2e édition). *Botanique. Biologie et physiologie végétale*, Maloine, coll. Sciences fondamentales, 490 p.

J.-F. Morot-Gaudry, F. Moreau, C. Maurel *et al.*, 2012 (2e édition). *Biologie végétale. Nutrition et métabolisme*, Dunod, coll. Sciences Sup, 224 p.

R. Pret, A. Mamecier, 2007. *Expérimentations en biologie et physiologie végétale*, Hermann/Quæ, 320 p.

P.H. Raven, S.E. Eichorn, R.F. Evert, 2014 (3e édition). *Biologie végétale*, De Boeck, 950 p.

Sites recommandés

www.snv.jussieu.fr
Ce site couvre la plupart des disciplines des sciences de la vie et offre des cours bien documentés avec de nombreuses illustrations et animations. Les présentations sont réellement pédagogiques.

www.tela-botanica.org
Ce site est spécialisé en botanique. Voir notamment les domaines taxonomie, classification, phyllogénie et clés de détermination, mais aussi habitat et biologie de toutes les espèces répertoriées à ce jour.

http://biochimej.univ-angers.fr
Ce site est surtout spécialisé en biochimie, enzymologie et bio-informatique. Il propose des synthèses et des animations, ainsi que des liens avec des cours et des travaux dirigés.

http://serres.u-bourgogne.fr
Un site qui présente une grande diversité de documents (illustrations, cours, animations, liens) dans le domaine de la biologie végétale.

www.unisciel.fr
Site de l'université des sciences en ligne, édité par un groupement d'une trentaine d'établissements d'enseignement supérieur français. Une mine de documents divers dans tous les domaines des sciences, avec de nombreux liens pour compléter les connaissances en fonction des différents cursus.

www.creaweb.fr
Ce site offre des didacticiels de biologie végétale avec beaucoup d'illustrations, des tests et des lexiques.

www.futura-sciences.com
Des dossiers très pédagogiques et abondamment illustrés, permettant de progresser graduellement dans les connaissances en suivant les liens proposés.

D'une manière générale, en saisissant dans un moteur de recherche un des termes du glossaire ci-après, vous trouverez beaucoup d'informations et des vidéos.

GLOSSAIRE

A

Acide abscissique (ABA) : phytohormone dont les principaux rôles sont l'induction de la sénescence, la maturation des graines, l'induction de la dormance, l'inhibition de la germination des graines, la fermeture des stomates, l'abscission (chute des feuilles et des fruits).

Acides aminés : acides organiques azotés à partir desquelles sont assemblées les protéines. Il existe 20 acides aminés naturels dont 2 contiennent du soufre.

Acide désoxyribonucléique (ADN) : macromolécule en double hélice unissant deux brins antiparallèles et complémentaires. Chaque brin est fait d'une succession de nucléotides (acide phosphorique + désoxyribose + base). Quatre bases entrent dans la composition de l'ADN : adénine (A), guanine (G), thymine (T) et cytosine (C). Les deux chaînes sont liées entre elles par les bases, chaque base déterminant obligatoirement la base opposée car l'adénine ne peut se lier qu'à la thymine et la guanine à la cytosine (A-T, G-C). La séquence de ces bases est spécifique de chaque ADN.

Acide ribonucléique (ARN) : acide nucléique composé d'une chaîne de nucléotides dont la séquence est déduite de celle de l'ADN (transcription), la thymine étant remplacée par l'uracyle et le désoxyribose par le ribose. Il existe différents types d'ARN : ribosomaux (ARNr), de transfert (ARNt), messagers (ARNm). C'est aussi le matériel génétique de nombreux virus.

Adénosine triphosphate (ATP) : nucléotide formé d'adénine, de ribose et de 3 phosphates. Principale source d'énergie chimique utilisable dans le métabolisme des organismes vivants. L'ATP s'hydrolyse en perdant un phosphate pour donner de l'ADP en libérant de l'énergie.

Amidon : glucide insoluble complexe (polymère d'au moins plusieurs milliers d'unités glucose), principale forme de réserve glucidique des plantes stockée dans des plastes spécialisés, les amyloplastes.

Angiospermes : plantes possédant un ovaire renfermant un ou plusieurs ovules. Après une double fécondation, l'ovaire deviendra un fruit, et l'ovule, une graine.

Anthère : partie terminale élargie de l'étamine qui génère et renferme le pollen.

Apex : pointe terminale d'un axe végétal (tige ou racine). Le plus souvent, on désigne par cette expression le groupe de cellules méristématiques situées à l'extrémité d'une tige ou d'une racine.

Autotrophie : système nutritionnel d'un organisme vivant utilisant la matière minérale pour synthétiser la matière organique. La plupart des végétaux sont autotrophes grâce à la photosynthèse.

Auxines : la propriété fondamentale des auxines est de stimuler l'élongation cellulaire. Leur synthèse s'effectue dans les apex des tiges et dans les jeunes feuilles des bourgeons terminaux. Leur transport s'effectue de façon polarisée, de l'apex vers la base dans la tige et les rameaux.

C

CAM : variante de la photosynthèse habituelle en C4 passant par le métabolisme de l'acide crassulacéen, caractéristique des plantes succulentes comme les cactus car elle permet d'économiser l'eau.

Cambium : tissu méristématique (cellules aptes à se diviser) en forme de gaine cylindrique à l'origine des tissus vasculaires et permettant la croissance en diamètre.

Carpelle : organe creux qui renferme les ovules. Unité de reproduction femelle de la fleur. L'ensemble des carpelles forme le pistil.

Cellule : la plus petite unité structurale d'un organisme capable de fonctionnement indépendant. Elle comporte un ou plusieurs noyaux, un cytoplasme, et divers organites, le tout entouré par une membrane semi-perméable : la membrane plasmique ou plasmalemme.

Cellulose : polymère d'hydrates de carbone synthétisé par les plantes, constituant majeur des parois des cellules végétales avec les pectines. C'est une molécule formée de longues chaînes linéaires dont le motif répétitif (4 000 à 5 000 motifs en moyenne) est le cellobiose (disaccharide à base de glucose). Les chaînes sont regroupées en microfibrilles constituées de plusieurs dizaines de molécules de cellulose.

Chloroplaste : organite complexe synthétisant les molécules de chlorophylles et structuré pour réaliser efficacement la photosynthèse.

Chlorophylles : famille des pigments verts des cellules végétales. Ils se trouvent dans les chloroplastes et jouent un rôle clé dans la photosynthèse en réceptionnant et concentrant l'énergie lumineuse pour activer les autres constituants des photosystèmes.

Chromatine : ensemble du matériel génétique (acides nucléiques) du noyau cellulaire composé d'ADN, de deux grands types de protéines (histones et non histones), et de certains ARN. Sa condensation fait apparaître les chromosomes en X à la mitose.

Chromosome : structure qui porte les gènes. Les chromosomes eucaryotes sont des filaments de chromatine (ADN + protéines) plus ou moins condensés. Les procaryotes ainsi que les mitochondries et les chloroplastes possèdent en général un seul chromosome circulaire.

Classe : rang taxonomique qui se situe entre l'embranchement et l'ordre.

Code génétique : ensemble des règles permettant de traduire l'information génétique d'une cellule pour produire les protéines. Ce code établit des correspondances entre un triplet de nucléotides appelé codon sur l'ARN et l'un des 20 acides aminés qui sera incorporé dans la chaîne polypeptidique en cours de synthèse. Le code génétique est dit « universel » car il est très largement conservé dans tous les organismes vivants.

Conducteur : s'applique à tout tissu végétal ou à toute région du végétal composée de tissus conducteurs ou leur donnant naissance (xylème, phloème, cambium).

Corolle : ensemble des pétales d'une fleur.

Cuticule : couche cireuse ou grasse recouvrant la paroi externe des cellules épidermiques.

Cytokinines : elles stimulent la prolifération des cellules (mérèse) sous réserve qu'elles soient en présence d'auxine. L'effet porte sur la mitose au moment de la duplication de chromosomes, mais aussi sur la division de l'ensemble de la cellule au moment du recloisonnement cellulaire.

D

Désoxyribose : sucre à 5 carbones contenant un atome d'oxygène de moins que le ribose et intervenant dans la composition de l'ADN.

Différenciation cellulaire : processus par lequel des cellules prennent des caractères morphologiques et physiologiques particuliers.

Dioïque : les plantes dioïques ont des fleurs unisexuées (pistil ou étamines) sur deux plantes différentes.

Diploïde : qui possède deux lots de chromosomes ($2n$).

Dormance : interruption de la croissance au cours de laquelle la plante ou des portions de la plante (bourgeons et graines) ne se développent que dans des conditions environnementales particulières. La dormance permet la survie pendant des périodes défavorables (froides de l'hiver, par exemple).

E

Embranchement : catégorie taxonomique réunissant des ensembles d'organismes qui se ressemblent (entre le règne et la classe).

Embryon : organisme issu de l'embryogenèse ou segmentation du zygote à l'intérieur des tissus de la graine. C'est à partir de l'embryon que se formera la plante adulte après la germination de la graine.

Endocytose : entrée d'une substance à l'intérieur d'une cellule par invagination de la membrane plasmique. S'il s'agit d'une substance solide, on parle de phagocytose ; s'il s'agit d'une substance dissoute, on parle de pinocytose.

Enzyme : protéine ou complexe protéique capable d'accélérer des réactions chimiques spécifiques en abaissant l'énergie d'activation nécessaire sans être elle-même modifiée au cours du processus. C'est un catalyseur biologique.

Espèce : dernier rang taxonomique. Une espèce est désignée par un binôme en italique : le premier nom avec une majuscule est le nom de genre et le deuxième nom sans majuscule est le nom d'espèce.

Étamine : organe mâle de la fleur. Elle comprend un filet, ordinairement grêle, supportant l'anthère qui contient le pollen.

Éthylène : hydrocarbure gazeux (C_2H_4) dont la production est régulée par des facteurs environnementaux (blessure, froide, stress hydrique, diminution de l'O_2 par immersion dans l'eau, etc.), ainsi que par des facteurs endogènes (phytohormones). L'éthylène module de nombreux processus physiologiques, parmi lesquels les réponses des plantes aux stress biotiques et abiotiques. Il inhibe généralement la floraison et il stimule la maturation des fruits ainsi que la sénescence. Il joue aussi un rôle dans l'abscission des feuilles et des fruits.

Eucaryote : organisme dont les cellules possèdent un noyau vrai, contenant la majorité du patrimoine génétique (ADN).

Exocytose : processus cellulaire impliquant l'inclusion de particules ou de substances dans une vésicule et leur transport jusqu'à la surface de la cellule : la membrane de la vésicule fusionne avec la membrane plasmique et expulse son contenu à l'extérieur de la cellule.

F

Faisceau conducteur (vasculaire) : cordon de tissus contenant du xylème primaire et du phloème primaire ainsi que du procambium (quand il existe encore) souvent entouré d'une gaine de parenchyme et/ou de sclérenchyme (fibres).

Famille : rang taxonomique situé entre l'ordre et le genre. Une famille comprend un ou plusieurs genres et chaque famille fait partie d'un ordre.

Fécondation : fusion de deux gamètes haploïdes (n) en un zygote diploïde ($2n$)

Fixation du carbone : transformation du dioxyde de carbone de l'air en molécules organiques au cours de la photosynthèse.

Fixation de l'azote : incorporation de l'azote atmosphérique dans des composés azotés réalisée par des bactéries libres ou en symbiose avec les racines de certaines familles de plantes, par exemple, les Fabacées (Légumineuses).

Fleur : structure reproductrice (gamétophyte) des Angiospermes.

Fruit : chez les Angiospermes, ovaire ou groupe d'ovaires fécondés et arrivés à maturité. Il contient les graines ainsi que toutes les parties contiguës qui peuvent fusionner à maturité. Il existe des fruits simples, composés ou multiples.

G

Gamète : cellule reproductrice haploïde (n). Les gamètes fusionnent deux à deux pour former le zygote diploïde ($2n$).

Gamétophyte : chez les plantes présentant une alternance de générations, c'est la génération, ou phase haploïde, produisant les gamètes.

Gène : unité héréditaire, séquence de nucléotides codant une ou plusieurs protéines, ou des ARNt (ARN de transfert) ou des ARNr (ARN ribosomaux).

Génome : ensemble du matériel ou patrimoine génétique ; chez les plantes, on distingue le génome nucléaire, le génome mitochondrial et le génome chloroplastique.

Genre : rang taxonomique situé entre la famille et l'espèce. Chaque genre comprend une ou plusieurs espèces.

Germination : début de la croissance d'une spore, d'une graine ou de toute autre structure (par exemple, grain de pollen).

Gibbérellines : famille de phytohormones synthétisées dans les méristèmes, les bourgeons terminaux racinaires et caulinaires, les jeunes feuilles et l'embryon. Les gibbérellines contribuent à la levée de la dormance des graines, provoquent la croissance des bourgeons terminaux, agissent sur les cellules des entre-nœuds, qu'elles allongent. Elles stimulent la floraison, agissent sur la différenciation sexuelle, ralentissent le mûrissement de certains fruits ainsi que la sénescence.

Glucide : molécule organique formée d'une chaîne d'atomes de carbone auxquels des atomes d'hydrogène et d'oxygène sont fixés dans un rapport de 2 pour 1. Il s'agit des sucres, de l'amidon, de la cellulose et du glycogène (pour les animaux).

Glucose : sucre à 6 carbones ($C_6H_{12}O_6$) : c'est le monosaccharide le plus courant chez tous les organismes vivants.

Graine : résulte de la transformation d'un ovule végétal après fécondation.

Grana : structures internes des chloroplastes formés d'une série de thylacoïdes empilés. Les grana contiennent les chlorophylles, les caroténoïdes, les photosystèmes et toutes les enzymes intervenant dans les phases lumineuses de la photosynthèse.

Gymnosperme : plante appartenant au grand groupe des spermatophytes et dont les graines ne sont pas enfermées dans un ovaire. Les conifères sont les plus nombreux.

Gynécée : ensemble des carpelles.

H

Haploïde : qui possède un seul lot de chromosomes (n) par opposition à diploïde ($2n$).

Hétérotrophie : incapacité de nombreux organismes vivants à constituer leur propre substance à partir d'éléments minéraux. Les hétérotrophes utilisent nécessairement les molécules organiques déjà synthétisées par les autotrophes.

Hôte : organisme sur lequel ou dans lequel vit un autre organisme.

I

Induction (ou transition) florale : ensemble de processus physiologiques permettant la floraison. Passage de l'organogenèse végétative à l'organogenèse florale.

Inflorescence : ensemble de fleurs sur une tige commune, disposées dans un ordre déterminé.

L

Lamelle moyenne : cloison primitive s'édifiant lors de la division cellulaire et séparant les deux cellules filles. De part et d'autre de cette lamelle moyenne, qui persiste, se mettent ensuite en place la paroi primaire et la paroi secondaire. La lamelle moyenne est essentiellement constituée de composés pectiques.

Lipide : un des grands types de molécules organiques non polaires, non miscibles à l'eau. Les lipides sont les principaux constituants des membranes biologiques.

M

Macroéléments : éléments chimiques inorganiques exigés en grande quantité pour la croissance des végétaux, par exemple l'azote, le potassium, le calcium, le phosphore, le magnésium et le soufre.

Matière organique : matière carbonée d'origine végétale ou animale.

Méiose : division particulière comprenant 2 mitoses dont l'une sans doublement chromosomique, ce qui aboutit à une réduction chromosomique de $2n$ à n. À la fin de la seconde mitose, on obtient 4 cellules haploïdes. La méiose est un processus nécessaire à la gamétogenèse et à la sporogenèse.

Membrane plasmique, ou plasmalemme : bicouche de phospholipides dans laquelle sont intégrés des stérols et des complexes protéiques fonctionnels (ATPases, canaux ioniques, etc.). Elle délimite le cytoplasme des cellules végétales avant la paroi pecto-cellulosique. Le même type de membrane délimite tous les compartiments cellulaires : noyau (membrane nucléaire), vacuole (tonoplaste). Les mitochondries et les plastes sont délimités par une double membrane (membranes externes et internes mitochondriales et chloroplastiques).

Méristème : tissu des régions embryonnaires formé de cellules aptes à se diviser dans différents plans d'orientation. De ces divisions naissent les tissus différenciés.

Métabolisme : ensemble de tous les processus chimiques qui se déroulent à l'intérieur d'une cellule ou d'un organisme.

Métabolites primaires : molécules présentes dans toutes les cellules et indispensables à la vie de l'organisme (sucres, acides aminés, acides nucléiques, acides gras, protéines...).

Métabolites secondaires : molécules synthétisées par les plantes et jouant un rôle important pour leur survie et leur propagation. On en trouve 3 classes principales : les alcaloïdes, les terpénoïdes et les composés phénoliques.

Mitochondrie : organite cellulaire délimité par une double membrane, impliqué dans la gestion de l'énergie et dans la respiration cellulaire. La mitochondrie contient les enzymes du cycle de Krebs et des chaînes de transport d'électrons.

Mitose : processus de division cellulaire des Eucaryotes au cours duquel les chromosomes dupliqués se séparent longitudinalement en chromosomes fils, qui vont former deux noyaux fils ayant le même patrimoine génétique. La mitose est subdivisée en quatre étapes : prophase, métaphase, anaphase, télophase et a normalement pour résultat deux nouveaux noyaux, dont chacun contient une copie complète des chromosomes parentaux.

Monoïque : une plante monoïque est soit une plante à fleurs bisexuées soit une plante à fleurs unisexuées portant des fleurs mâles et des fleurs femelles.

Morphogenèse : élaboration de nouvelles structures dans un organisme, au niveau des tissus (histogenèse) ou des organes (organogenèse).

Mycorhize : association symbiotique entre certains mycètes et les racines de la plupart des plantes vasculaires.

N

NADP+/NADPH : NADP = nicotine adénine dinucléotide phosphate. Il s'agit de coenzymes d'oxydoréduction impliqués dans la plupart des réactions biochimiques nécessitant des transferts d'électrons. $NADP^+$ est accepteur et NADPH est donneur d'électrons.

Nodules : renflements des racines des Légumineuses occupés par des bactéries fixatrices d'azote atmosphérique. Cette symbiose permet à la plante de bénéficier de l'azote ainsi fixé.

Noyau : élément de structure cellulaire renfermant le matériel génétique chez les Eucaryotes. Il est délimité par une double membrane.

Nucléole : corpuscule sphérique présent dans le noyau des cellules eucaryotes, composé principalement d'ARNr : les sous-unités ribosomiques y sont produites.

O

Oligoélément : élément chimique qui agit à l'état de trace, mais est indispensable à la vie des plantes (bore, zinc, etc.).

Ontogenèse : développement d'un organisme ou d'une partie d'un organisme.

Ordre : rang taxonomique situé entre la classe et la famille. Le nom d'un ordre se termine par « ales ». Une classe contient un ou plusieurs ordres et un ordre comprend une ou plusieurs familles.

Organe : structure composée de plusieurs tissus différents (feuilles, tiges, racines, pièces florales) et ayant au moins une fonction.

Organique : s'applique aux organismes vivants et aux substances produites par les organismes vivants.

Organite : structure spécialisée de la cellule délimitée par une membrane. Les principaux organites sont le noyau, les mitochondries, les chloroplastes, les vacuoles, le réticulum endoplasmique et l'appareil de Golgi.

Ovaire : partie renflée du carpelle (pistil) qui renferme le ou les ovules. L'ovaire évolue en fruit après la fécondation.

Ovule : ensemble de tissus renfermant l'oosphère et qui donnera la graine.

P

Paroi pecto-cellulosique : enveloppe d'une cellule végétale, périphérique par rapport à la membrane plasmique, et comportant la lamelle moyenne commune à la cellule contiguë, la paroi primaire et la paroi secondaire.

Paroi primaire : partie de la paroi, constituée de cellulose, d'hémicelluloses et de glycoprotéines dont l'extensine. Au niveau architectural, les microfibrilles de cellulose, entourées d'une gaine d'hémicellulose, baignent dans une matrice glycoprotéique faite de composés pectiques et de glycoprotéines.

Paroi secondaire : enveloppe la plus interne de la paroi, elle conserve du côté externe de la cellule la même structure que la paroi primaire, tandis que du côté interne elle est constituée de fibres de cellulose jointives. La paroi secondaire peut également subir d'autres modifications associées à la différenciation des cellules (dépôts de cires, de lignines, de silice, etc.).

Pectine : polysaccharide très hydrophile présent dans la lamelle moyenne et la paroi primaire des cellules végétales.

pH : symbole représentant la teneur relative en ions hydrogène d'une solution. L'échelle de pH va de 0 à 14 et la valeur est d'autant plus basse que la solution est plus acide. Le pH 7 indique la neutralité de la solution.

Périanthe : ensemble des pièces florales (sépales et pétales) qui protègent les organes sexuels de la fleur (étamines et pistil).

Péricline : deux divisions sont périclines si les parois auxquelles elles donnent naissance sont parallèles.

Pétales : pièces florales qui constituent la partie la plus interne du périanthe. L'ensemble des pétales forme la corolle.

Pétiole : partie rétrécie reliant le limbe d'une feuille à la tige.

Phloème : tissu conducteur de la sève élaborée chez les plantes vasculaires. Il est composé d'éléments criblés, de différents types de cellules parenchymateuses, de fibres et de scléréides.

Phospholipides : lipides comportant un squelette glycérol avec deux acides gras, la troisième position du glycérol étant occupée par une molécule contenant un phosphate. Ils ont une partie hydrophobe et une partie hydrophile. Ce sont les constituants majeurs des membranes biologiques dans lesquelles ils se disposent en bicouches, avec les parties hydrophobes à l'intérieur de la bicouche.

Photopériodisme : réponse des plantes à la durée relative du jour et de la nuit. Ce sont des mécanismes complexes permettant à la plante d'évaluer la durée du jour et de la nuit pour adapter ses réponses physiologiques, par exemple la floraison.

Photorespiration : activité oxygénase de la rubisco dans laquelle ce complexe enzymatique fixe l'oxygène au lieu du dioxyde de carbone habituellement fixé dans la photosynthèse.

Photosynthèse : ensemble de processus complexes permettant la transformation de l'énergie lumineuse en énergie chimique. Le résultat global de la photosynthèse est la synthèse de glucides à partir du dioxyde de carbone et d'eau en présence de chlorophylles et de lumière avec rejet d'oxygène.

Photosystème : unité d'organisation des chlorophylles et d'autres molécules pigmentées enrobées dans les thylacoïdes des chloroplastes et intervenant dans les réactions de la photosynthèse.

Phototropisme : croissance de la plante dépendant essentiellement de la direction de la lumière. Dans le phototropisme positif, la croissance est orientée vers la lumière ; dans le phototropisme négatif, elle est orientée dans la direction opposée à celle de la lumière.

Photorécepteur : molécule, la plupart du temps pigmentée, capable de percevoir un signal lumineux (intensité, durée, longueur d'ondes…) pour commencer une chaîne de signalisation cellulaire permettant le déclenchement, l'activation ou l'inhibition d'un processus physiologique.

Phyllotaxie : disposition des feuilles sur la tige, des pièces florales, des fleurs dans les inflorescences et des éléments des fruits multiples.

Phylogénie : relations évolutives entre les organismes. Histoire de l'évolution d'un groupe d'organismes.

Phytomère : encore appelé module, un phytomère est une unité d'architecture de la plante comprenant généralement un nœud, un entre-nœud et une ou plusieurs feuilles insérées au nœud.

Phytochromes : famille des photorécepteurs protéiques jouant un rôle clé dans la régulation de la croissance et du développement des plantes par la lumière à certaines longueurs d'ondes (rouge clair, rouge lointain et bleu).

Phytohormones : aussi appelées régulateurs de croissance, ce sont des familles de molécules synthétisées par la plante en différents endroits et à différents moments de son développement. Elles régulent la croissance et le développement en interaction les unes avec les autres et avec des facteurs de l'environnement.

Pistil : organe femelle placé au centre de la fleur, composé d'un ou plusieurs carpelles, soudés ou non. Chaque carpelle comprend l'ovaire, le style et le stigmate.

Plantes en C3 : plantes qui utilisent le cycle de Calvin, ou voie en C3, pour la fixation du dioxyde de carbone lors de la photosynthèse. Le premier composé stable est un composé à 3 carbones, le 3-phosphoglycérate. C'est le cas de la plupart des plantes.

Plantes en C4 : plantes chez lesquelles la photosynthèse s'effectue dans des cellules différentes. La fixation du dioxyde de carbone se fait sous la forme d'un composé à 4 carbones, l'oxaloacétate dans des cellules du mésophylle, les autres réactions s'effectuent dans d'autres cellules.

Plaste (ou plastide) : organite cellulaire typique des végétaux et contenant souvent un pigment. Par exemple, les chloroplastes verts contiennent des chlorophylles.

Pollen : ensemble des grains microscopiques produits dans les anthères. Le grain de pollen est un ensemble de 2 à 3 cellules où se trouvent les anthérozoïdes. Ce sont les gamètes mâles haploïdes (*n* chromosomes).

Pollinisation : chez les Angiospermes, passage du pollen des anthères au stigmate. Chez les Gymnospermes, c'est le passage du pollen d'un cône mâle à un cône femelle.

Polyploïde : s'applique à un organisme, un tissu, une cellule possédant plus de deux lots de chromosomes.

Polysaccharides : macromolécules glucidiques formées par enchaînement d'un grand nombre de sucres élémentaires (cellulose, hémicellulose, pectines…).

Procaryote : organisme vivant dont les cellules sont dépourvues de vrai noyau.

Protéine : macromolécule biologique formée d'acides aminés dont la séquence est imposée par celle de l'unité de transcription correspondante (ARMm).

Proton : particule élémentaire possédant une charge positive de même valeur que celle d'un électron (chargé négativement).

R

Réceptacle : partie libre de l'axe floral situé au-dessus de l'ovaire, en forme de tube, de cloche ou d'entonnoir.

Règne : un des 6 rangs taxonomiques principaux, par exemple le règne végétal, ou Plantae.

Reproduction sexuée : mode de reproduction nécessitant la production puis la fusion de deux gamètes (fécondation).

Reproduction végétative (asexuée) : chez les plantes, modes de reproduction impliquant des moyens autres que la reproduction sexuée, par exemple, la fragmentation d'organismes (boutures de tiges, feuilles, fleurs).

Respiration : processus intracellulaire pendant lequel des molécules, en particulier le pyruvate du cycle de Krebs, sont oxydées en donnant de l'énergie. La dégradation complète des sucres et autres molécules organiques est appelée respiration aérobie.

Rhizoïdes : filaments par lesquels certaines algues se fixent, ou qui font office de racines chez les Bryophtes (mousses).

Ribosomes : petites particules formées de plusieurs sous-unités composées de protéines et d'ARNr, siège de la synthèse protéique.

Rubisco : RuDP carboxylase/oxygénase, enzyme catalysant la première étape du cycle de Calvin impliquant la fixation du dioxyde de carbone au ribulose 1,5-diphosphate (RuDP). Protéine la plus abondante chez les plantes, elle sera remobilisée pour être stockée dans les fruits puis dans les graines à la fin de la période de croissance de la plante.

Rythmes circadiens : rythmes réguliers de croissance et d'activité dont la périodicité est d'environ 24 heures.

S

Sac embryonnaire : gamétophyte femelle des Angiospermes. Structure généralement composée de 7 cellules et 8 noyaux. Les 7 cellules sont l'oosphère, 2 synergides et 3 antipodes, ainsi que la cellule centrale binucléée.

Saccharose : disaccharide (glucose + fructose) présent dans de nombreuses plantes. C'est principalement sous cette forme que les sucres formés par photosynthèse sont transportés.

Scissiparité : mode de reproduction asexuée au cours duquel un individu unicellulaire se divise pour en donner deux identiques.

Sépale : pièces florales qui constituent la partie la plus externe du périanthe. L'ensemble des sépales forme le calice.

Sève : liquide circulant dans le xylème (sève brute) et dans le phloème (sève élaborée).

Spectre d'absorption : ensemble des longueurs d'ondes lumineuses absorbées par une molécule ou un matériau.

Spermatophytes ou Spermaphytes : plantes produisant des graines au cours de leur reproduction.

Spore : corpuscule reproducteur de nombreuses espèces végétales et de certains protozoaires.

Sporophyte : phase diploïde produisant des spores dans un cycle caractérisé par une alternance de générations.

Stigmate : orifice du pistil, partie terminale d'un carpelle qui retient le grain de pollen et où il germe.

Stomate : dispositif cellulaire de la tige ou des feuilles qui permet à la plante de faire des échanges avec l'atmosphère (vapeur d'eau, dioxyde de carbone, oxygène). Cette petite ouverture délimitée par deux cellules de garde peut se fermer ou s'ouvrir suivant les conditions intérieures et extérieures.

Stroma : substance de base des plastes dans laquelle se trouvent les thylacoïdes.

Style : partie effilée qui prolonge l'ovaire et se termine par le ou les stigmates.

Symbiose (« vivre ensemble ») : au sens large, ce terme regroupe toutes les interactions entre organismes vivants, mais il est souvent réservé aux interactions bénéfiques pour les partenaires.

T

Taxon : terme général s'appliquant à toute catégorie taxonomique homogène. Unité de classification (famille, genre, espèce, etc.).

Taxonomie (ou taxinomie) : science qui étudie la classification des organismes.

Thylacoïdes ou thylakoïdes : structures membranaires sacciformes des cyanobactéries et des chloroplastes des eucaryotes. Dans les chloroplastes, les thylacoïdes sont empilés en grana qui contiennent les chlorophylles et les photosystèmes.

Tissu : groupe de cellules organisées en une unité de structure et de fonction. Il existe de nombreux types de tissus, regroupés en tissus simples et en tissus complexes.

Traduction : processus par lequel l'information génétique contenue dans une molécule d'ARN messager détermine la séquence des acides aminés lors de la synthèse protéique.

Transcription : processus au cours duquel l'information génétique contenue dans une molécule d'ADN détermine par complémentarité des bases la séquence en nucléotides d'une molécule d'ARN.

Transpiration ou évapotranspiration : perte de vapeur d'eau par les différentes parties de la plante, principalement par les stomates.

Tropismes : réactions à des particularités du milieu. Le phototropisme est créé par une différence d'éclairement (croissance vers la lumière ou en direction opposée). Le thigmotropisme regroupe les réactions d'une plante au toucher ou au contact. Le gravitropisme (ou géotropisme) est une courbure d'organes sous l'action d'une force mécanique, très généralement la force de gravitation terrestre, ou pesanteur. Sauf de rares exceptions, le phénomène de tropisme concerne des organes en croissance, dont l'orientation est modifiée par une courbure due à une inégalité de vitesse de croissance entre les deux faces.

Tube pollinique : tube formé après la germination du grain de pollen et qui conduit les gamètes mâles dans le sac embryonnaire de l'ovule.

Tubercule : tige souterraine courte, charnue et hypertrophiée comme la pomme de terre.

U

Unisexué : une fleur unisexuée est une fleur qui ne renferme que des étamines ou un pistil.

V

Vacuole : organite en forme de poche délimitée par une membrane, le tonoplaste. Les vacuoles sont impliquées dans la gestion de l'eau, des éléments solubles, et stockent de nombreuses molécules, dont des pigments et des molécules de défense.

Vaisseau : structure tubulaire du xylème composée de cellules allongées communiquant entre elles par des perforations.

Végétatif : en rapport avec la propagation asexuée. S'applique également aux parties de la plante qui n'interviennent pas dans la reproduction.

Verticille : ensemble de feuilles, de rameaux ou de fleurs insérés autour d'un axe sur un même nœud.

X

Xylème : tissu conducteur complexe conduisant la sève brute dans le végétal.

Z

Zygote : cellule à 2n chromosomes issue de la réunion de gamètes mâle et femelle lors de la fécondation, et qui donnera l'embryon.

CRÉDITS ICONOGRAPHIQUES

Photo de couverture : bourdon sur phacélies © Gilles Louviot (collection personnelle).

Tous les dessins sont de Lydie Suty.

Photo figure 1 : © Jean-Claude Druart/Inra.

Photos figure 3 : GNU Free Documentation License.

Photo figure 4b : © Brigitte Dellecolle/Inra.

Photos figure 7a : © Lydie Suty/Inra ; 7b : © Lydie Suty/Inra ; © Christian Bodet/Inra ; 7c : © Christian Bodet/Inra.

Photo figure 8b : © Pierre Conchon/Inra.

Photos figure 11a : © Lydie Suty/Inra.

Photos figure 13a et b : © David Bouchez /Inra ; figure 13c : © Inra.

Photo figure 18 : © Jean-Denis Faure/Inra.

Édition : Sylvie Blanchard
Création maquette : Paul Mounier-Piron
Mise en page et couverture : Paul Mounier-Piron

Achevé d'imprimer en février 2023 par

ISIPRINT
L'IMPRESSION DANS TOUTE SA DIMENSION

139 rue Rateau
93120 La Courneuve

Numéro d'impression : 202401.0249

Imprimé en France

Certifié PEFC
Ce produit est issu de forêts gérées durablement et de sources contrôlées
PEFC
PEFC/10-31-2581
www.pefc-france.org

IMPRIM'VERT